건축 · 인테리어 초보자를 위한 스케치 입문서

PEN SKETCH

ARCHITECTURAL SKETCH
INTERIOR SKETCH

류형호 글 · 그림

Spacetime

제도 용구 사용하지 않는 스케치를 완성하자!

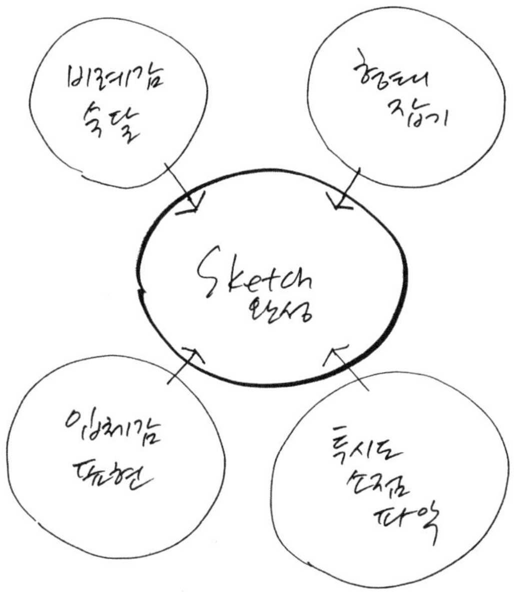

"들은 것은 잊혀지고 본 것은 기억되며 행한 것은 이해된다." (중국속담)

PREFACE
목차

PEN SKETCH
ARCHITECTURAL SKETCH
INTERIOR SKETCH

PEN SKETCH

ARCHITECTURAL SKETCH
INTERIOR SKETCH

저자는 정식으로 미술교육을 받지 않았지만 계속해서 베끼고 그려보면서 익힌 스케치이다. 스케치는 디자인의 막강한 도구가 되도록 초보자들이 쉽고 재미있게 따라 할 수 있는 책을 만들고 싶었다.

이 책은 자를 이용하여 그린 스케치는 없다. 참고한 문헌은 복사하여 사용하지 않고 직접 그리고 수정하여 첨부하였다.
사물의 형태를 파악하고 비례를 적용하여 신속하게 종이 위에 시각화 또는 스케치를 한 결과물만 있다. 머릿속의 아이디어는 기록되지 않으면 다시 돌이킬 수 없다. 재빨리 그리고, 메모해야만 아이디어로 가치가 있다.
건축, 인테리어 분야의 대부분이 디지털화되어 표현되어지고, 3D기법도 발달되면서 사무실에서 제도판이 사라지고 컴퓨터만이 유일한 디자인 도구가 되어버렸다. 창조적인 분야에 종사하는 사람들은 아이디어가 곧 생명이다. 눈으로 머리로 익히지 말고 손으로 그리면서 아이디어를 쌓아 나가야 한다.

스케치는 빠르고 형식에 제한없이 아이디어를 기록하는 기술이다. 스케치를 배운다는 것은 새로운 방식으로 관찰하는 법을 처음 익힌다는 것이다. 스케치는 종이 위에서 시각적으로 사고하는 방법이며, 스케치는 보이는 대로 그리거나 창의적으로 그릴 수도 있다. 스케치가 빠른 방식 또는 제한없이 이루어진다고 해서 조잡하다거나 정보를 담고있지 못하다는 것은 아니다. 오히려 그 반대로 스케치는 아이디어를 분리하여 생각하고 기록하는 표현방법이다. 스케치는 정보를 수집하는 유용한 방법일 뿐 아니라 디자인 아이디어를 물리적으로 표현할 수 있는 첫 번째 기회이다.
초보자들이 제일 두려워하는 이유는 잘 그리려고 하는 생각이 너무 강하기 때문에 선뜻 스케치를 하기가 어려워진다. 스케치는 디자인 의도를 전달할 수 있으면 그걸로 족하다. 잘 그릴 필요도 없고 제3자가 이해할 정도면 된다. 그러나 디자인 작업을 하는 디자이너로서 프로다운 스케치는 단시간 내 이루어지는 것은 아니며 부단한 노력이 뒷받침이 되어야 한다.

"창의적인 존재로 살아가려면 틀린 것에 대한 두려움을 잊어야 한다."

과감한 선의 힘을 익히자.

윤곽선이 중요! 느낌좋은 윤곽선을 그리는 것은 곧

형태를 파악하는 것이 된다.

대담하고, 기분좋고, 자유로운 살아있는 선을 그려보자.

형태를 파악하라.

색칠그림 처럼 연필을 사용하거나 제도처럼 정밀하게

그리는 것은 실력 향상에 도움이 되지 않는다.

형태를 제대로 파악하여입체감을 표현해야 한다.

● 이 책을 왜 만들고자 했나.

건축, 인테리어 분야를 처음 접하는 사람들에게 스케치란 아주 힘들고 두렵고, 실제로 부담스러워 하는 경우가 많다. 관련 서적들은 너무 획일적이고 기본기를 익히기에는 부족한 점이 너무 많았다. 기본으로 돌아가서 비례와 형태파악에 대한 기본을 가지고 선을 제대로 사용할 줄 알아야 스케치를 제대로 할 수 있다고 판단되어 과감하게 기존의 틀을 깨고 칼라링 부분을 완전히 배제하고 연필 보다는 펜으로 쉽게 할 수 있는 스케치 기법책을 만들고 싶었다. 기본기를 탄탄히 갖추면 그 이후에 따라 오는 것이 칼라링이고, 칼라링 없이도 충분히 스케치를 할 수 있을 뿐만아니라 디자인 의도를 표현할 수 있는 것이 스케치이기 도하다. 기본적인 선에 대한 자신감이 생기면 자기만의 방식으로 스케치를 이용한 표현이 가능하다.

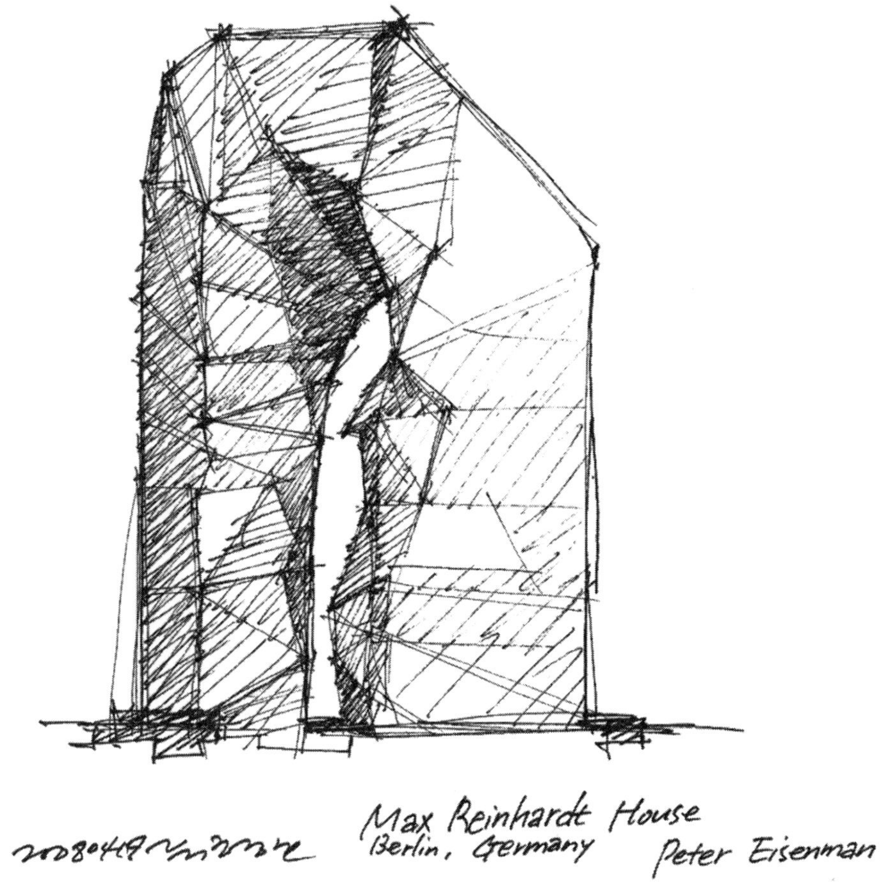

PEN SKETCH
ARCHITECTURAL SKETCH
INTERIOR SKETCH

스케치는 바라보는 연습이다. 말하자면 요가와 비슷하다. 요가를 하면 근육이 강해지고 균형감각이 생긴다. 스케치는 '눈으로 하는' 요가다. 사물을 바라보는 근육에 힘이 생기고, 고요하게 정신을 모아 집중함으로써 우리의 복잡하고 정신 없는 생활에 균형 감각을 가져다 준다.

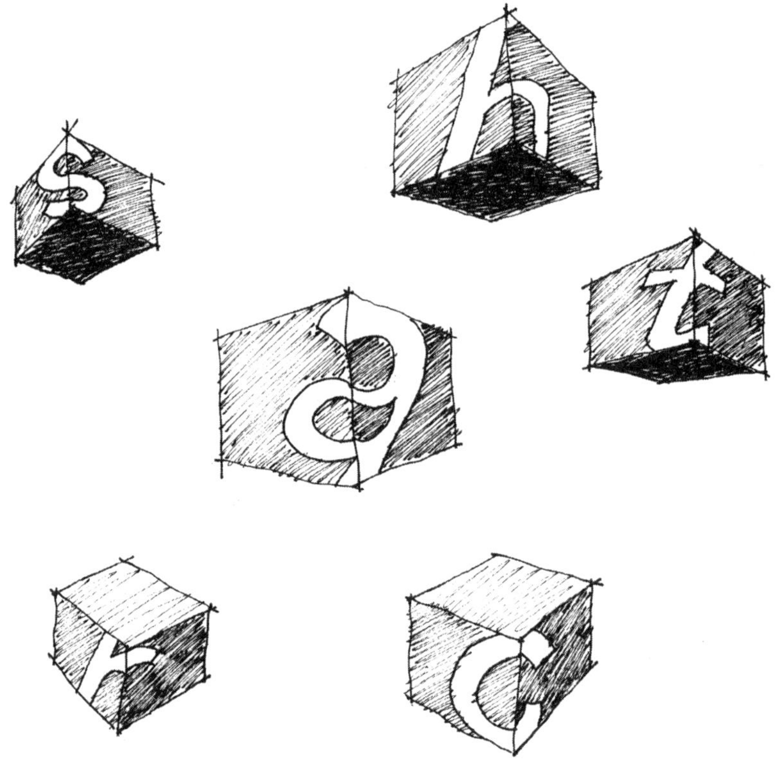

"논리로 A에서 B로 갈 수 있고, 상상력으로 어디든 갈 수 있다."
— 아인슈타인

● 추천사

저자인 류형호 소장과 오랜 시간 동안 설계 작업을 같이 하였다. 그는 부지런하고 성실한 건축가로서 자기 주변의 자료들을 체계적으로 잘 정리한다. 필요할 경우 정리된 자료들을 쉽게 찾아내고 그것을 조합해 새로운 패러다임을 만들어 일을 손쉽게 처리하는 건축가이다. 창조적 영감을 기다리는 게으른 디자이너가 아니고 부지런히 몸으로 선행된 사례들을 리뷰하며 헤쳐 나가는 실무형 디자이너이다.

2001년도 건축사 자격시험에서 전국 수석 합격하여 그런 점을 증명하였다.(특히 제한된 시간에 강한 그의 매트릭스) 다년간 홍익대학교와 건축사 학원의 명강의를 통해 후학들에게 많은 사다리(알고 보면 쉬운 건데 혼자 안 될 때 필요한 지침들) 같은 디자인 도구를 쓰는 노하우를 가르쳐오고 있다.

이 저서는 그런 실무형 강의를 통해 오랜 동안 채집된 사다리들을 주옥처럼 모아 편집한 자료들이다. 여러 권의 책에서 요점들 지혜롭게 선택한 꿰어야 보배가 된다는 말을 실행한 초보 디자이너의 스케치 입문서이다.

이 책에서 강조한 아날로그 손맛의 스케치들은, 작금의 캐드의 디지털 시대에 더욱 중요하다본다. 우리 손은 프린터이고 눈과 머리는 컴퓨터의 CPU라고 볼 수 있다. 즉 손이 그리는 것이 아니고 눈과 머리로 그리는 것이다. 눈이 스캐닝한 것을 손으로 출력할 뿐이다. 그래서 디자이너는 사물을 어떻게 개성적으로 볼 수 있어야하는데, 이 책의 여러 가지 채집된 자료들이 디자이너가 되려는 초보자들에게 좋은 길라잡이가 되리라 믿는다.

건축가는 자기 건축적 고뇌를 손으로 엉킨 실을 풀어나가야 한다. 좋은 운동기구를 샀다고, 근육이 저절로 안 생긴다. 디자이너가 되려면 땀과 열정으로 눈과 손의 자유함을 얻고 섬광처럼 스쳐가 허공에 사라질 수 있는 아이디어를 종이위에 정착시켜야한다. 예리한 눈과 손을 훈련하는 이 책이 디자이너를 위한 보조선이 되리라 본다.

유원재 씀

"무엇인가를 철저히 이해하기 위해서는 열정적인 노력이 필요하다. 그러나 그 만큼 노력하는 사람은 별로 없다." 〈스티브 잡스〉

Fundamental Theory

스케치 기초사항 01

- 스케치의 분류
- 스케치 도구
- 스케치의 필요성
- 스케치의 기초사항

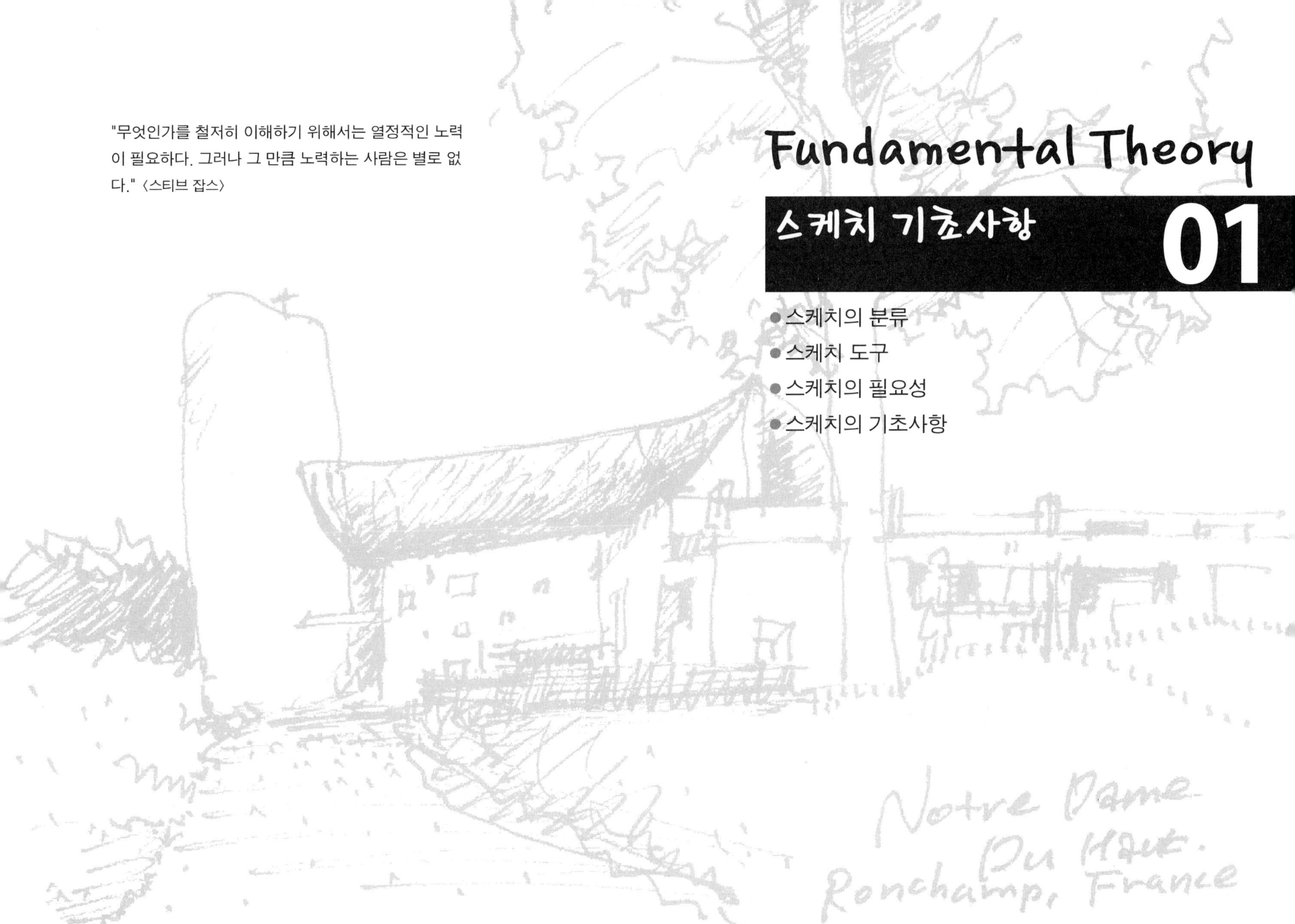

● 스케치 분류

◆정밀 (묘사) 스케치

많은 시간을 투자하여 정확한 스케치를 해야 하므로 아주 비효율적이고 아이디어를 표현하기 위한 수단보다는 하나의 작품으로 보아야 한다. 대부분 초보자들이 기본적인 스케치실력 없이 시간을 투자하여 일명 베끼는 그림을 많이 그리기 때문에 스케치 실력이 향상되지 않는다.

◆ 아이디어 스케치

건축, 인테리어 등 창조적인 아이디어를 찾는 분야에서 요구되는 스케치 방식으로 계획 초기의 머릿속의 생각을 시각화하기 위해서는 짧은 시간에 효과적인 스케치가 되어야 한다. 이 책의 목적이기도 하다. 글을 그림으로 표현할 수 있는 능력도 디자이너가 가져야 할 덕목이기도 하다. 짧은 시간에 그리는 크로키 형식의 스케치를 권장한다.

– 세분화
- ■ Concept Sketch
- ■ Volume (Mass) Sketch
- ■ Elevation Sketch
- ■ Section Sketch
- ■ Diagram Sketch

◆ 여행 스케치

소요시간을 고려하여 형태를 우선적으로 스케치한 다음 러프한 해칭(hatching)으로 명암 표현 등 입체감을 표현해야 한다. 신속한 스케치가 요구되며 시간적인 제약에 따라 완성도가 달라지므로 우선 형태(윤곽)을 잡고 그 후 입체적인 느낌을 주기 위한 톤과 음영을 넣어야 한다. 아이디어 스케치처럼........

◆ 기타분류

–Scratch Sketch(Thumbnail Sketch) : 초기단계 개념위주 (메모하듯이)

–Rough Sketch: 형태에 기본적인 음영, 재질, 색채표현을 가미한 개략적인 이미지 표현

–Styling Sketch: 구체적인 형태나 재질, 패턴, 색채 등을 자세하게 그려서 묘사

● 스케치 필요성

스케치를 하는 것은 디자인 과정에서 디자인의 한 방법으로 쓰기 위해서는 선을 표현한다든지 명암의 차이를 표현하는 것 등의 기초적인 기술적 방법을 익혀야 한다. 시간을 갖고 충분한 연습만 한다면 그 누구도 이런 기술을 익힐 수 있다. 그리고 단순한 기술적 방법만 익히는 것은 별 의미가 없고 이 방법들의 내면에 깔린 의도와 표현의 원리를 깨닫는 것이 중요하다.

◆ 우리의 보는 능력 과 시각적 기억력을 향상 시킨다.

우리는 일상생활에서 시각적으로 볼 수 있는 모든 것을 보면서 살지는 않는다. 미리 알고 있는 사항들, 그리고 기대하고 있는 것들을 발견하는 것에 의해 우리가 보는 범위가 결정된다. 어떤 것을 볼 때에 친근감의 잣대로 내용이 결정되기 일쑤이고, 우리 주변의 것들을 제대로 들여다보지도 않고 일상생활에 임한다. 그리는 것은 일상적인 사물을 볼 때에도 그 속의 새롭고도 다양한 시각적인 요소들과 현상들을 발견하게 되는 것이다. 예리하고 비판적인 관점에서 우리 주변을 보는 능력을 기르는 동안, 그리는 행위는 우리의 시각적 기억력 또한 향상시켜 준다. 기억된 것을 그리는 것은 그 당시에 받은 느낌을 기억 속에서 되찾아 표현하는 것이기 때문이다. 사고를 통해 이미지를 만들고, 찾아내고, 합치는 과정을 시간과 공간을 초월하여 할 수 있다. 우리는 기억을 더듬어서 그 때의 물건들, 장소들, 그리고 사건들을 소재로 이미지를 시각화하기도 한다. 또한 우리는 실현 가능한 일들을 머릿속에 그려내어 미래를 상상하기도 한다. 상상력은 과거, 현재, 미래를 시각적으로 연결지어줄 수 있다.

◆ 그리는 행위는 상상력을 자극한다.

머릿속의 사고가 그림 그리는 것을 조롱하듯이 그리는 행위 또한 사고의 내용에 영향을 미친다. 종이에 스케치를 하는 것이 우리의 생각을 글로 풀어 생각을 정리하여 발전시키는 것과 같은 효과를 갖는다. 어떠한 생각을 시각화하고 자세히 그려보면 그 생각을 실현하는 데에도 도움이 될 수 있다. 생각을 분석하고, 다른 시각에서 그 것을 보면 다른 아이디어가 떠오르기도 하고 새롭게 더욱 발전시킬 수도 있다. 같은 이치로써 디자인 과정에서의 스케치는 상상력을 자극하고 그것을 더욱 발전시키게 된다. 이러한 방법의 그리기는 디자인의 기초적인 과정에서 절대 중요하다. 화가가 다양한 구도를 잡아 본다던지, 무용가가 무용의 순서를 구성한다던지, 건축가가 복잡한 공간을 계획하는 등의 모든 행위들을 실험 단계에서 일단 그려봄으로써 그 가능성과 방향을 예측해 볼 수 있는 것이다.

● 스케치 도구

연필, 펜, 샤프, 색연필, 마카, 수채화물감, 크레용, 포스트칼라 등 표현을 위한 도구들이 다양하다. 그러나 훌륭한 디자이너가 이 모든 재료를 완벽하게 사용할 수 있어야 하는 것은 아니다. 어떤 도구를 사용했는가는 중요하지 않다. 디자이너가 자신의 디자인을 설명하기에 가장 효과적으로 표현이 가능한 도구를 선택하는 것이 중요하다.

이 책에 표현된 대부분은 펜에 의해 작성 또는 스케치된 것이다. 연필의 장점은 잘못하면 지울 수 있지만, 펜의 경우는 한번 그으면 쉽게 지울 수가 없기 때문에 과감하게 스케치를 하지 않으면 좋은 스케치를 얻을 수 없다. 필자도 연필보다는 펜으로 거의 대부분을 스케치하며 이 책의 목적도 펜으로 스케치하도록 만들어졌다. 아울러 기본적인 선에 대한 훈련과 스케치 실력이 없이 칼라링을 한다는 것은 무의미하기 때문에 과감하게 색을 사용한 스케치테크닉은 생략하였다.

◆ 종이

그릴 수 있는 종이면 무조건 가능하다. 종이의 질에 따라 다양한 느낌의 표현의 스케치를 그릴 수 있다. 가급적 메모와 아이디어 스케치를 위한 포켓스케치북은 휴대하기가 좋으므로 권장한다. 거창하게 비싼 스케치북을 사용할 필요는 없다. 거친 종류의 크로키북도 저렴하기 때문에 아무런 부담없이 사용할 수 있다. 비싸고 두꺼운 종이는 그릴 때 상당한 부담감으로 다가오는 경우가 있다. 저렴한 종류의 스케치북을 사용하는 것이 부담도 없고, 실수하게 되면 찢어 버리면 된다.

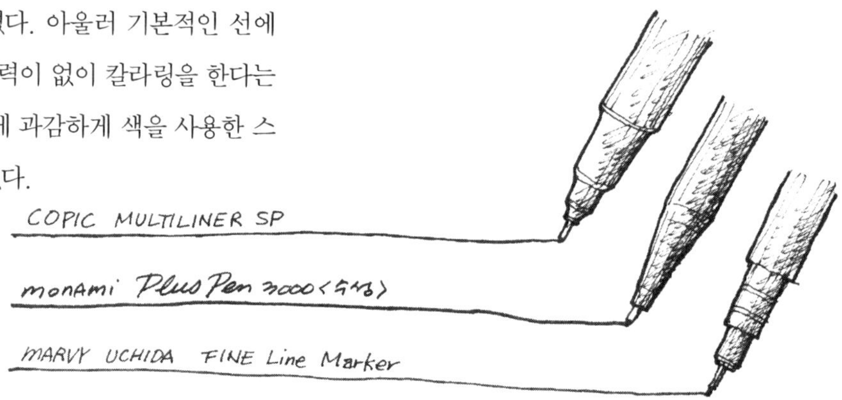

◆ 펜

- 수성펜, 중성펜, 유성펜
- 개인적으로 펠트펜을 사용하여 스케치하기 좋아한다. 저렴한 펠트펜중 수성인 경우 번짐을 주의해야 한다. 특정펜 보다는 손에 쥘 수 있는 펜만 있다면 스케치가 가능하며, 펜마다 고유한 특징이 있기 때문에 다양한 느낌의 스케치를 얻을 수 있다.
- 중성펜의 경우 물에 번지지 않기 때문에 마카나 수채화를 사용해도 무방하다.
- 펜의 두께는 너무 굵거나 너무 가늘어도 제대로 된 표현이 어려워지므로 중간 굵기인 0.4~0.5mm 정도 펜이 적당하다.
- 다양한 펜을 사용해보고 본인에게 맞는 펜을 찾아보라. 어느 정도 숙련이 되면 펜의 특징을 이용해서 스케치가 가능해 진다.

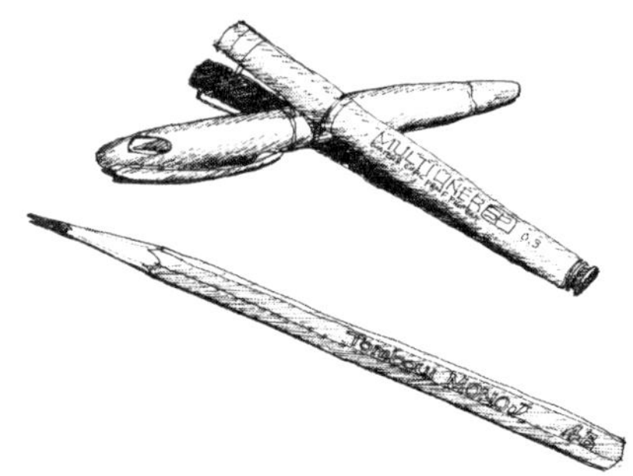

● 스케치 기초사항

선(line)

선은 조형예술의 가장 원초적인 요소인 점(point)이 이동한 궤적으로 모든 요소를 의미한다.

◆ 외곽 가장자리

세부묘사 없이 어떤 사물을 선으로 그린다면 배경이 끝나고 사물이 시작되는 부분을 선으로 표시하는 것이라 말할 수 있다. 사물을 분석할 때 물체를 보지 말고 그 물체를 감싸고 있는 허의 공간을 탐구해 보자. 사물이 오히려 더 뚜렷하게 보일 것이다. 보이지 않는 것에 대한 상상은 또 다른 실체를 만들어 낸다.

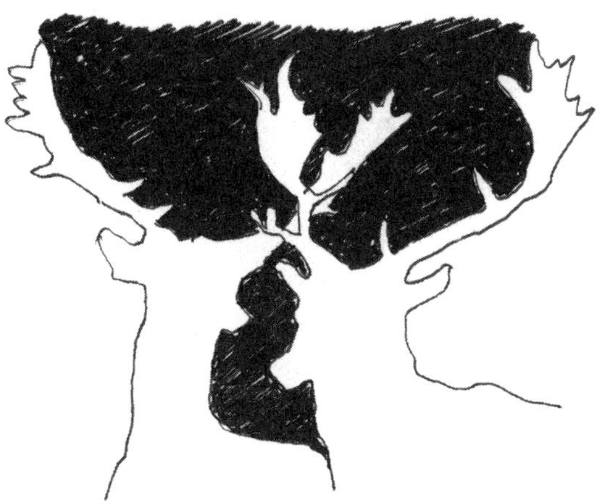

◆ 면과 면의 만남

정육면체를 그릴 때는 면과 면이 만나는 지점에 자동적으로 선을 그리게 된다. 선이 면과 면의 만남을 얼마나 잘 표현하는가 알 수 있다.

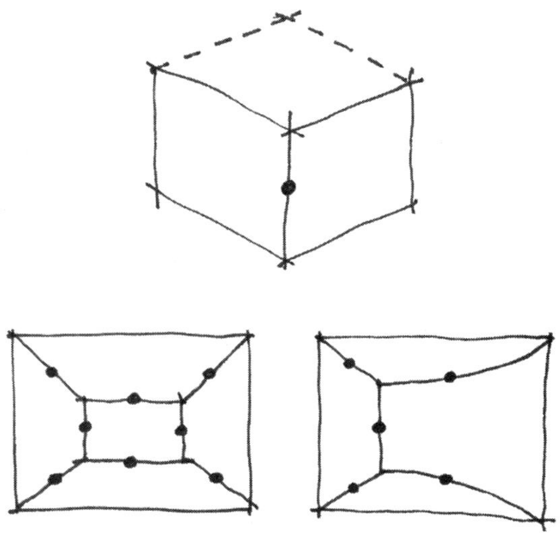

◆ 색과 색의 만남

한 색과 또 다른 색이 갑자기 만나게 될 때 그 만남을 선을 그어 표현한다.

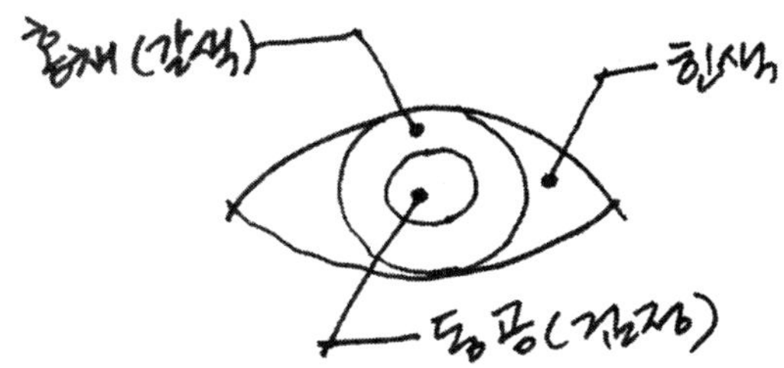

◆ 톤과 톤의 만남

음영과 그림자를 색으로 인식해서 어두운 부분과 밝은 부분이 갑자기 만나는 지점에 선을 그어 표현하기도 한다.

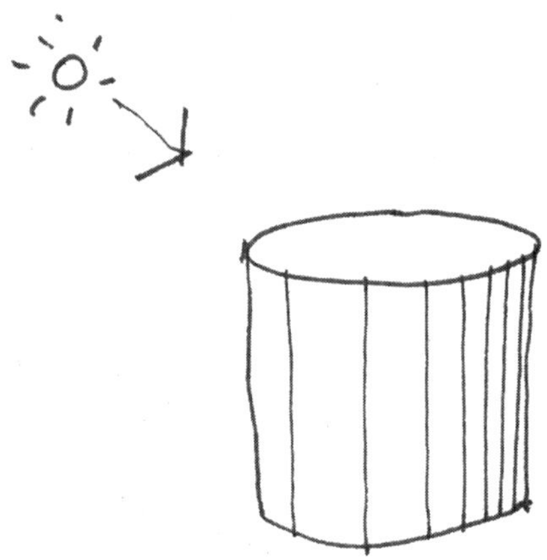

* 물체의 표면을 잘 관찰해 보라 톤의 단계가 많아지면 많아진대로 세분하다 보면 자연스런 음영 표현도 가능해진다.

◆ 선으로 형태를 표현(윤곽선)

형태를 좀 더 분명히 나타내기 위해 선을 좀 더 효과적으로 활용할 수 있다. 물체 표면의 흐름을 파악하여 선으로 연결하면 표면의 형태를 만들어 낼 수 있다. 음영 표현 없이도 형태를 만들 수 있는 장점이 있다.

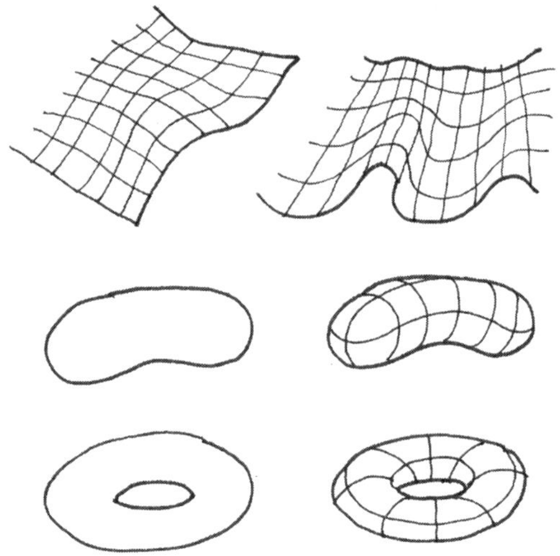

◆ 선의 다양한 기능

면, 빛과 음영, 방향과 관련하여 선의 기능이 다양하며, 선 하나만 가지고도 하나가 아닌 '여러 가지' 조건을 표현할 수 있다.

◆ 선으로 톤의 변화를 표현

선으로 사물위의 빛과 음영의 변화를 표현 할 수도 있다. 선이 두꺼우면 어둡고, 선이 얇으면 밝고, 선이 매우 얇거나 없다면 하이라이트를 나타내는 것과 같이 선의 강도에 따라 변화를 표현할 수 있다.

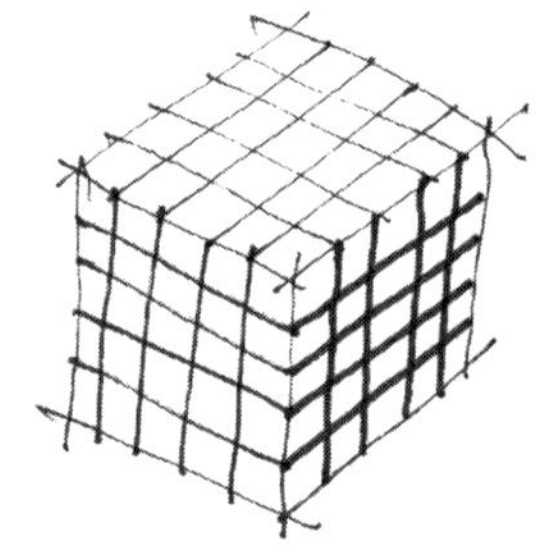

선의 강약으로 표현

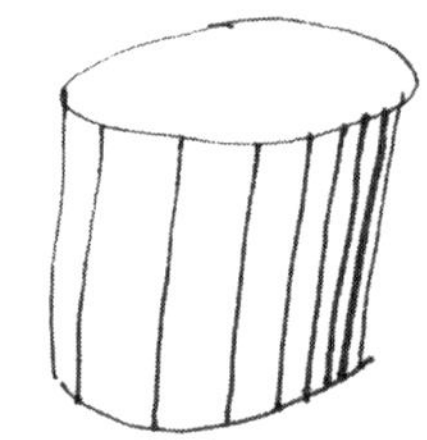

선의 폭으로 표현

빛과 면(light & plane)

선만으로도 훌륭한 입체 형태를 그릴 수 있다. 하지만 '톤' 이라 부르는 음영과 그림자를 활용한다면 스케치를 한층 더 사실적으로 만들 수 있다.

◆ 빛의 중요성

빛이 없으면 음영이나 그림자도 없을 것이고, 볼 수도, 그릴 수도 없었을 것이다. 우리가 눈으로 형태를 볼 수 있는 것은 사물에 비치는 빛 때문이다.

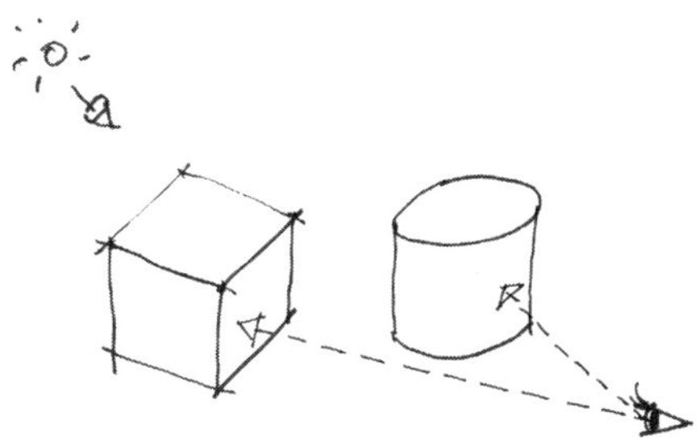

◆ 면 위의 빛

음영과 그림자는 물론 빛에 의해 생기는 것이다. 따라서 빛에 대한 철저한 이해가 있어야 음영과 그림자를 이해 할 수 있다.

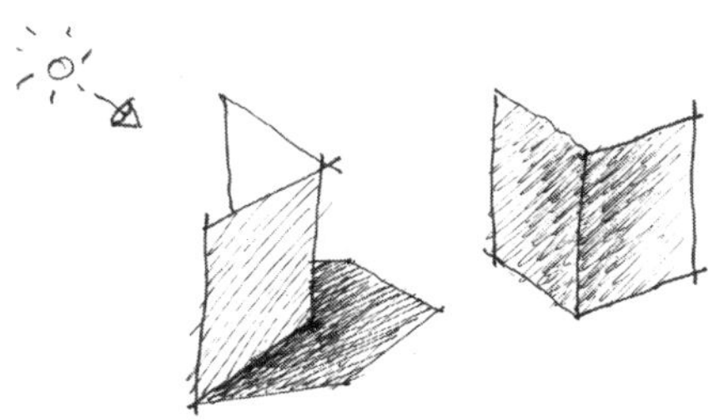

◆ 빛과 입체형태

머릿속에서 색과 톤을 구분하는 작업은 매우 중요하다. 하지만 일단 모든 대상을 흰색으로 볼 수 있다면 만사형통이다. 흰색은 순수한 톤을 보기 쉽다. 그래서 오래전부터 하얀 석고상을 보고 그리는 연습을 한다.

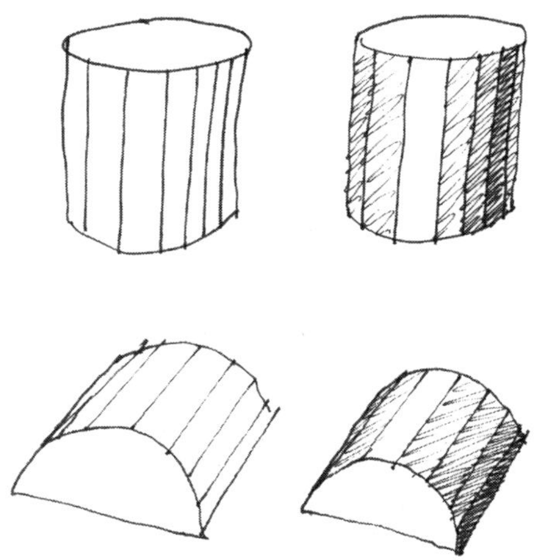

◆ 빛과 음영 배우기

정육면체, 원통, 구의 톤의 변화를 알아두어야 한다. 기본적인 형태들은 자연의 기본적인 형태들이기 때문이다. 각 형태 위에 나타나는 빛과 음영은 그 외 다른 형태 위에 나타나는 빛, 음영과 직접적인 관련이 있다. 톤의 흐름을 이미 알고 있다면 자유자재로 표현이 가능하다.

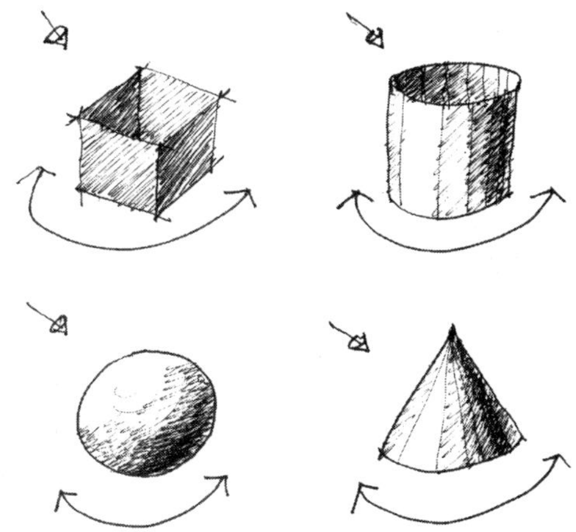

※ 흰종이로 원통과 블록을 만들어 관찰해보라. 블록과 원통의 밝은 부분을 관찰해 보면 가장자리에 나타나는 매우 밝은 회색으로부터 하이라이트까지 아부 미세한 변화를 발견할 수 있다.

◆ 그림자

초보자들은 맹목적으로 그림자에 집착하는 것 같다. 이러한 집착에서 벗어나는 가장 좋은 방법은 그림자를 그려 넣어 그림을 몇 번 망쳐보는 것이다. 이렇게 하면서 초보자들은 또 하나 놀라운 사실을 발견하게 되는데 바로 숙련자들은 보이는 데로 그리지 않는다는 사실이다.

◆ 선으로 빛과 음영표현

선으로 형태를 그릴 때 선은 형태 위 음영의 특성을 나타낸다. 즉 어두운부분에서는 선도 어둡고, 밝은 부분에서는 선도 밝으며, 하이라이트에서는 선이 매우 엷거나 아예 없다.

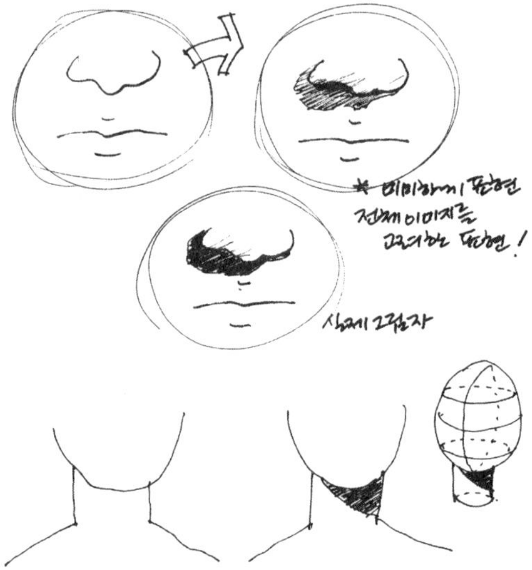

* 사실적인 표현보다는 효과적인 표현이 되도록 음영처리를 하여야 한다.

"톤의 변화를 자연스럽게 적용할 수 있도록 주의한다."

형태(shape)

아주 단순한 상태로 대상을 시각화해야 한다. 블록, 원통, 구, 때로는 원뿔과 같은 단순한 기하학적 형태뿐 아니라 주로 달걀과 같이 형태의 간단한 조합이나 변형을 활용하기도 한다.

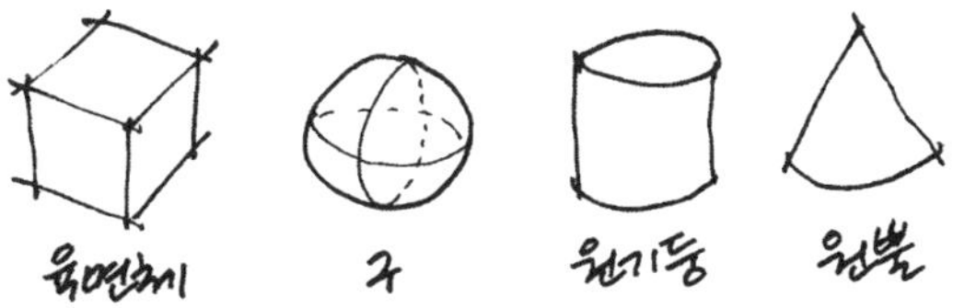

사물의 기본형태 도형들

◆ 형태와 비율

적절한 비율이란 통계자료나 과학자의 주장에 달려있는 것이 아닌 개인의 머릿속에 있는 것이다. 비율은 전적으로 개인의 책임이자 결정이다.

–자신에게 편한 방법으로 형태들을 연결하는 것이 비율이라고 이해하는 것이 좋다.

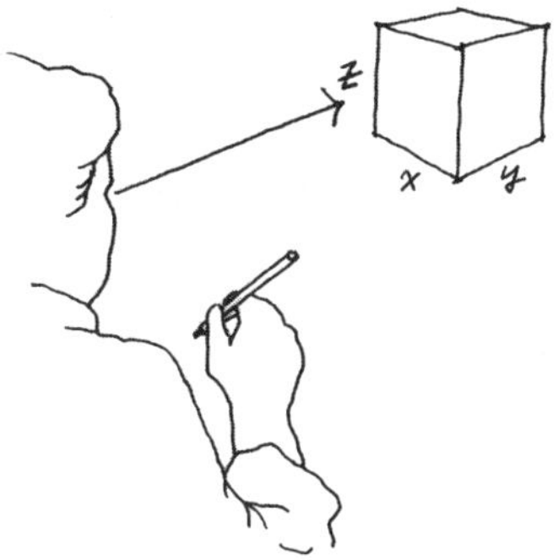

◆ 형태와 톤

–보이는 대로 그리지 않고 알고 있는 대로 그리는 것이 사실감을 높인다. 사물을 보고 그대로 그리는 것이 아니라 단순한 형태로 사물을 시각화하고 머릿속으로 빛을 비추어 자신만의 빛과 음영을 결정한다. 머릿속에 눈으로 보이는 톤은 드로잉에 영향을 주게 된다. 보이는 그대로 베껴야하는 것이 아니므로 기본원리를 반복해서 연습해야 한다.

–형태에 음영을 줄 때 형태를 조절하기 위해 '만들어낸' 톤에 상당히 의존한다.

◆ 선과 형태

눈을 그릴 때 구 주위에 선들을 그으면 눈꺼풀이 생긴다. 구에 음영을 넣으면 물론 눈꺼풀에도 음영이 생기게 된다.

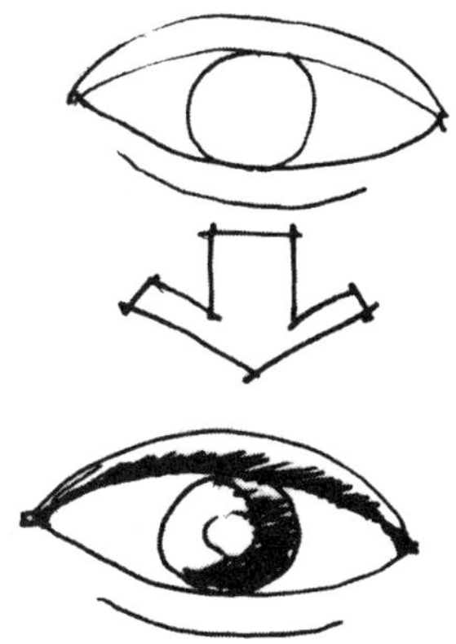

◆ 형태와 세부묘사의 관계

드로잉에 세부묘사는 있어야 한다. 하지만 세부묘사의 정도가 때에 따라 약해지기도, 강조되기도 한다. 경우에 따라 세부묘사를 선별하고, 만들고, 아예 없애기도 한다. 이런 작업을 하려면 오랜 경험을 통해 터득한 요령이 있어야 한다. 세부묘사에 있어 가장 취약한 부분은 형태와 틀이다. 형태 자체가 아닌 디테일이 두드러져선 안 된다는 사실을 기억하자.

◆ 형태개념 만들어내기

형태개념은 드로잉에서의 문제를 해결하기 위해 사용된다. 머리를 블록, 달걀 또는 공으로, 혹은 원통으로 생각하는 등 어떤 형태개념은 매우 분명하고 유용해서 모든 사람들이 사용한다. 모든 사물들을 입체적인 기본형태의 도형을 적용하여 전체적인 형태를 잡아야 한다. 정확한 형태를 잡아 입체적인 표현(음영)을 추가하면 더욱 사실감 있는 표현이 가능해진다.

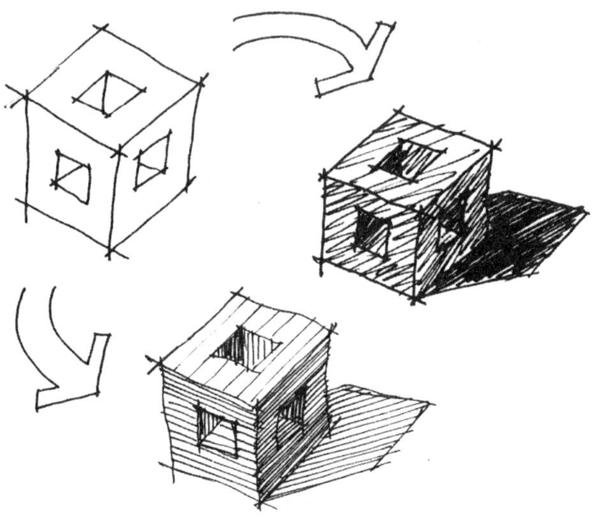

형태 > 세부묘사

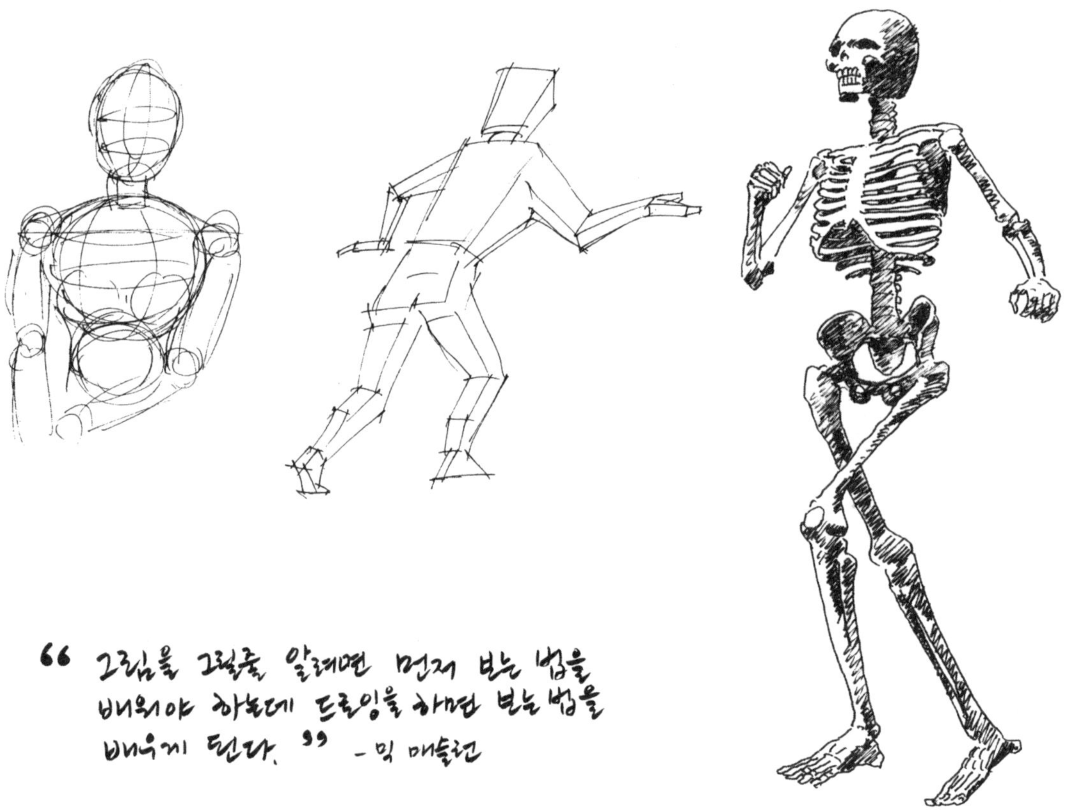

"그림을 그릴줄 알려면 먼저 보는 법을 배워야 하는데 드로잉을 하면 보는 법을 배우게 된다." - 믹 매슬런

◆ 비례와 스케일

스케일은 이미 알고 있는 사물의 크고 작은 크기를 반영해준다. 드로잉 시 사람의 크기로 인해 사물의 개략적인 크기를 짐작하게 한다. 비례관계는 스케일에 의해 결정되어진다. 대부분의 그림에서 사람 또는 자동차를 표현함으로써 확실한 스케일 감을 느끼게 해준다.

사물의 크기에 대한 비례 값이 없는 경우 연필이나 측정도구를 이용하여 비례를 잡아나가야 한다. 비례감이 생기면 자연스럽게 사물의 크기를 확대, 축소할 수 있는 복사기와 같은 감각이 생기게 된다.

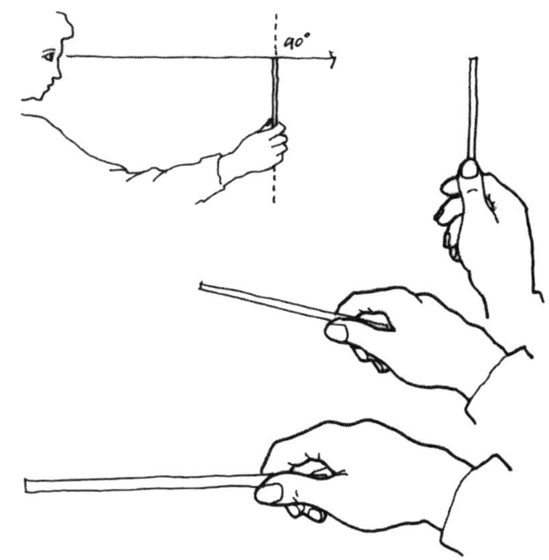

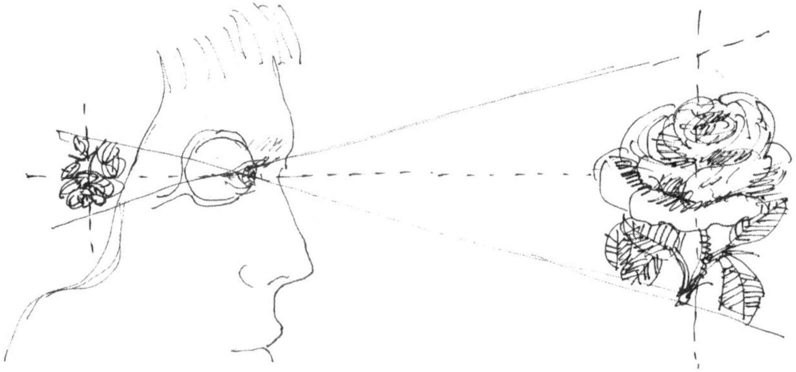

※ 측정도구를 사용하지 말고 눈대중의 정확성을 믿어야 한다. 사물을 판단하고 있는 눈과 판단력을 믿어라, 자를 이용한 비례보다는 더 정확한 사물의 실체를 얻을 수 있다. 기준이 되는 기준선을 정하고 비례를 고려하여 그려 나가야 한다. 이때 투시도 개념을 적용하면서 그려나가는 것이 중요하다.

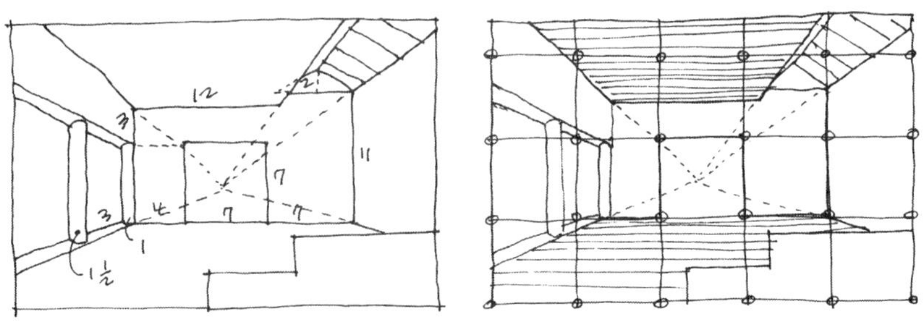

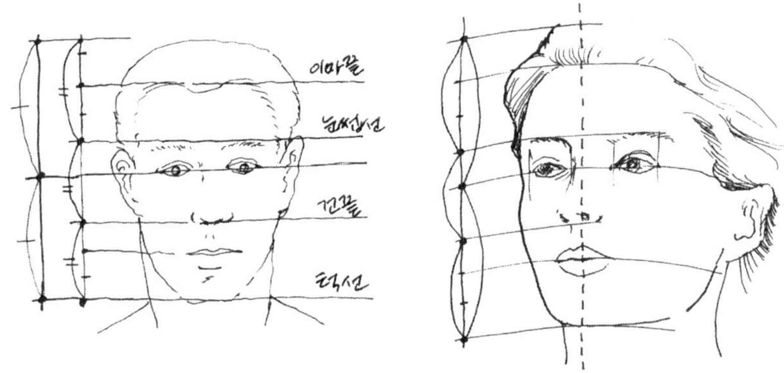

※ 얼굴도 비례에 의해 구성되어 있다는 사실을 알면 얼굴을 괴물로 만들지 않을 것이다.

* 인체의 비례 파악이나 동작을 쉽게 만들수 있는 목각 인형을 이용해서 스케치 연습을 해보라!

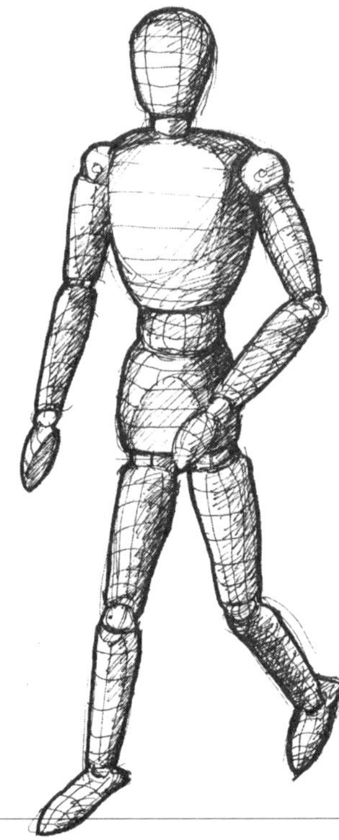

깊이감(depth)

3차원의 공간을 종이 위의 2차원에 표현하기 위해서는 거리에 따른 사물의 변화를 판단하여 비례를 적용하여 표현해야 한다. 건축, 인테리어 분야는 공간을 연출하는 분야이기 때문에 공간감을 인지하는 것이 중요하다.

◆ 원근감

사물이 가까이 있을 때는 형태가 크게 보이고 멀리 있을 때는 작게 보인다. 이것이 원근법이다.

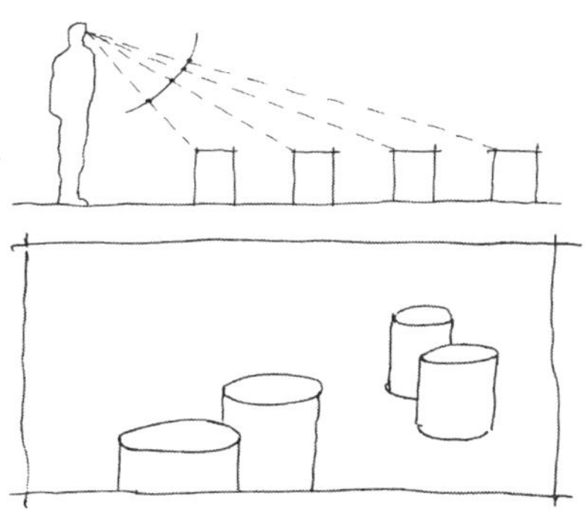

◆ 중첩

사물의 중첩에 의해 깊이감과 거리감을 표현한다. 숨겨진 부분은 형태를 추정하여 판단하기 때문에 깊이감이 배가 된다.

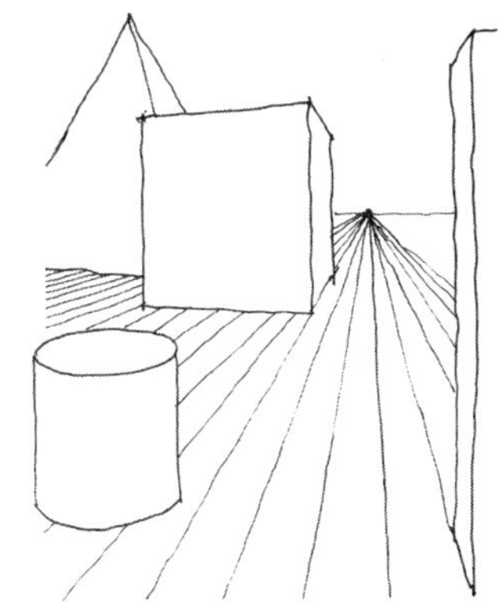

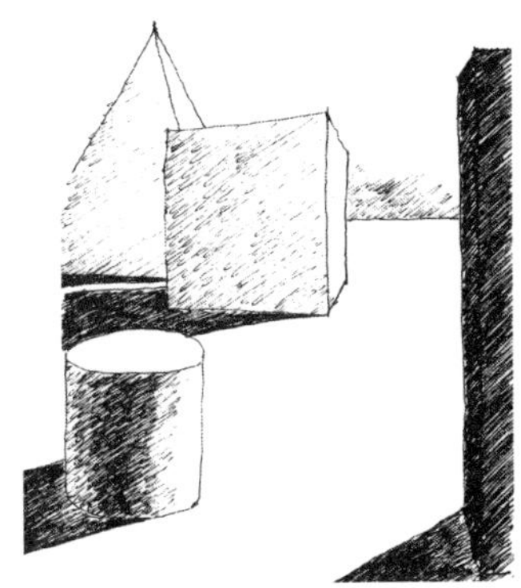

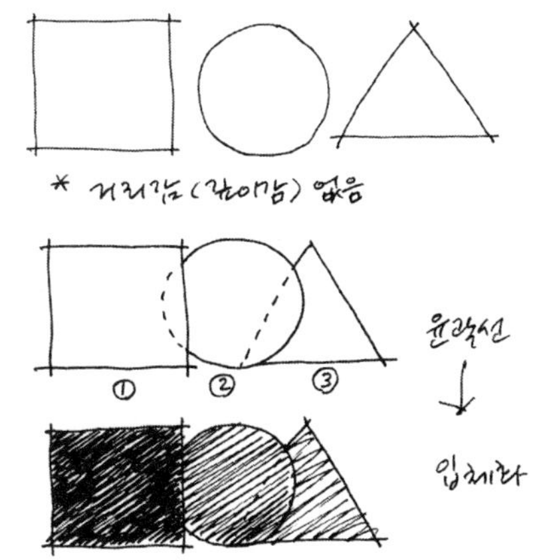

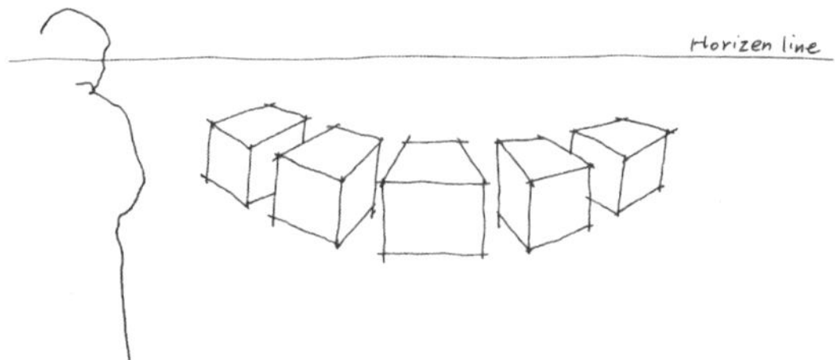

내가 서 있는 위치에 따라 물체의 방향이 다르게 보인다.

관찰자(보는 사람)의 눈높이 또는 사물의 높이에 따라 사물의 모습이 다르게 보인다. 투시도에 대한 이해가 선행되어야 정확한 형태와 입체감을 가지는 스케치를 만들 수 있다.

Line, Face, Solid

선, 면, 입체의 표현 02

- 선의 이해
- 선 연습
- 선의 분할
- 면의 분할
- 면의 기본형태
- 평행투상도
- 물체의 시각화 연습

"볼 줄 아는 능력은 보이는 것에 대한 우리의 반응을 지속적으로 분석하는 데서 만들어 진다. 그리고 우리에게 있어서 그것들은 중요하다. 더 많이 볼수록 더 많이 이해하게 된다"(루이스 칸)

● 선의 이해

모든 스케치의 기본은 선이다. 선의 양과 질이 스케치의 유형과 기법을 결정한다. 서로 다른 종이의 종류에 따라 선의 다양함이 생기며 비슷한 방식으로 그려지는 일련의 선들은 명암도 표현할 수 있다. 건축적 표현은 선에 의해 작성되며 선의 강약 및 선의 종류에 따라 효과적인 표현이 될 수 있다.

스케치의 기본은 선을 어떻게 사용하느냐에 달렸다. 선에 따라 표현이나 느낌이 달라지며, 스케치를 효과적으로 하기 위한 기초가 된다.

선은 색채와 명암이 가해질 기본골격을 제공하고, 더 효과적인 스케치를 해주는 드로잉의 기본구조를 강조한다.

선은 형태에 따라 직선과 곡선, 선의 굵기에 따라 굵은 선, 중간선, 가는 선 및 가선으로 구분할 수 있다. 스케치의 종류나 목적에 따라 위계나 표현방식이 달라질 수 있으므로 자신의 목적에 맞는 선의 표현 방식을 꾸준히 연습하여야 한다.

일반적으로 디자이너의 선과 일반인의 선은 다르다. 선에 대한 목적과 의도가 분명하기 때문이다. 기본이 되는 선에 대한 충분한 연습이 되어 있어야 자신감 있는 선을 만들어 낼 수 있다. "스케치는 결국 선들의 집합이다."

"선이란 형태, 깊이, 재료 또는 밝기의 변화에 대한 정보를 제공해 주는 인간이 만들어 낸 창작물이다."

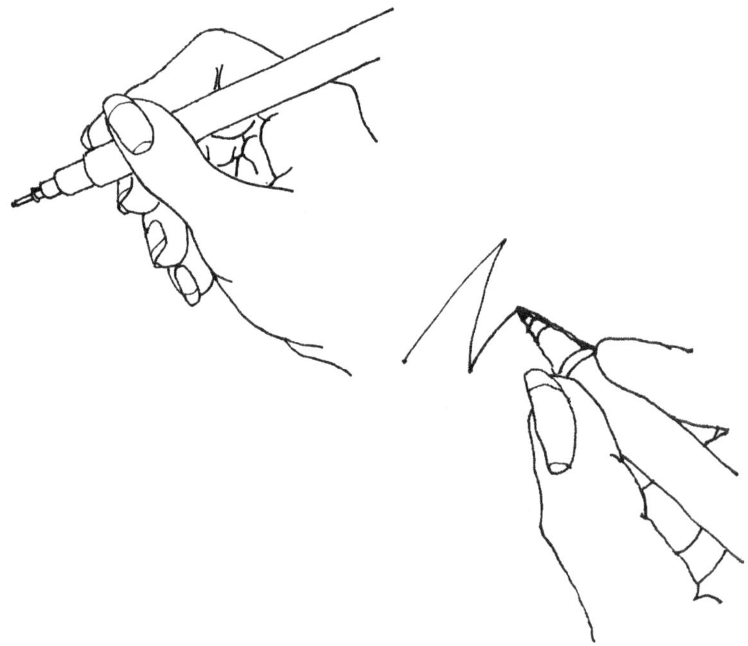

"건축가는 목적에 따라 다른 선을 그린다. 건축의 선에서 가장 두드러진 특징은 처음과 끝을 강조하는 것이다. 그래야 분명하고 힘 있는 선을 종이 위에 남길 수 있다. 선 끝을 어정쩡하게 마무리하면 드로잉 자체가 힘없고 애매하게 보인다. 강한 선을 그리고 싶다면 선을 그을 때 처음과 끝에 작은 점을 남기도록 연습한다."

● 선 연습

◆ 자세와 방법

스케치를 위한 펜을 잡을 때는 원하는 그림과 선의 묘사에 맞게 적당한 길이를 잡는다.

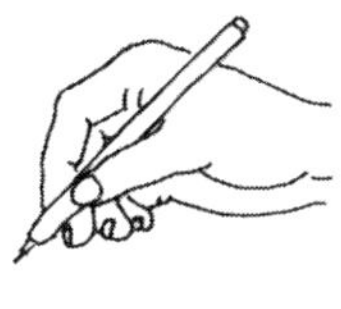

세밀한 묘사

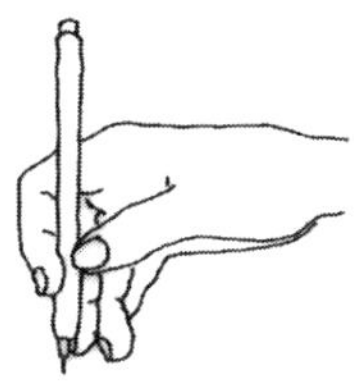

보편적 스케치

긴선 또는 러프한 표현

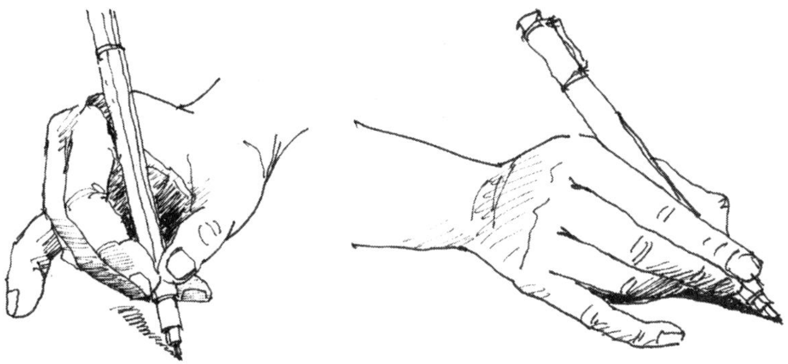

일반적으로 펜을 잡는 방법이외에 새끼손가락을 빼서 그리는 경우 지지점이 하나 더 생겨서 더욱 안정적으로 선을 그을 수 있다. 긴선 또는 러프한 선을 그을 때 역시 새끼손가락이 지지점이 되어 쉽게 긴 선을 긋거나 재빠르게 러프한 선을 만들 수 있다. 한번쯤 시도해 보고 그리기에 편한 방법을 찾아야 한다.

선을 연습하는 경우 시작점과 끝점을 의식하여 연습하는 것이 좋다. 선을 긋는 경우 시작점이 결정되면 선이 끝날 지점을 보고 선을 그리도록 하자. 어디에서 시작하고 어디에서 끝을 맺어야 할지 정확해야 한다. 대부분 초보자들은 그렇지 못하기 때문에 자신 있는 선을 긋지 못한다.

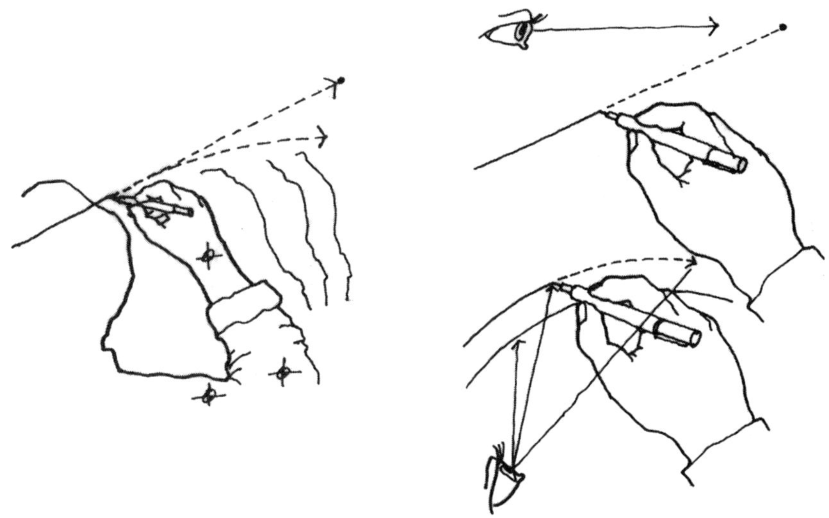

* "선은 자연 상태에서는 존재하지 않는다. 선은 사람이 고안해 낸 인공물이다. 그런데, 사실 선이란 드로잉의 전부인데…. 거기에 선을 고안해 낸 이유가 분명히 있었을 것이다. 그래! 사방에 우리를 둘러싸고 있는 무형의 것들에게 도전하기 위한 길잡이. 우리로 하여금 형태를 인식하고 차원과 그 안에 의미를 이끌어 주는 길잡이였구나." (게오르그 그로스)

선의 간격을 일정하게 유지하는 연습을 한다. 이를 통해 눈의 평행 감각을 발달시킬 수 있다.

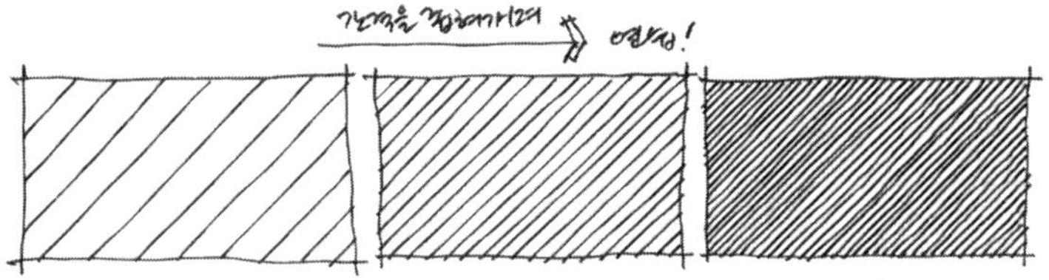

스케치를 위한 선의 연습시 선의 방향을 반대방향으로도 자유롭게 그을 수 있도록 연습한다.

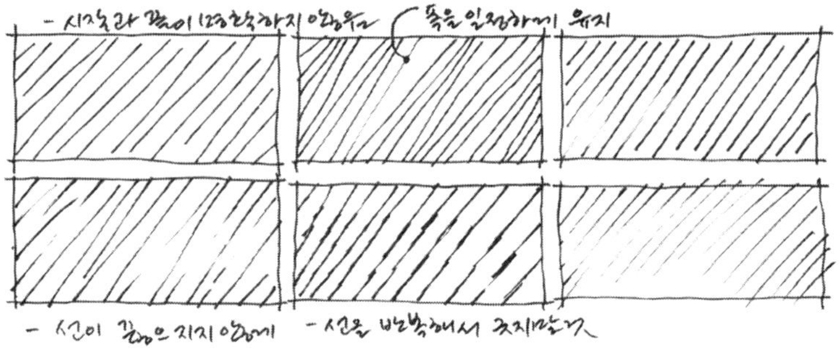

*위의 표현이 틀렸다는 것은 아니지만 기본적으로 선에 대한 자신감이 생겼을 때 필요에 따라 다양한 표현을 해야 하는 경우 사용할 수 있다. 그러므로 기본적인 사항부터 지키면서 연습하는 것이 중요하다.

◆ 선 연습 시 주의할 사항

1. 선은 한 번에 쭉 그어 완성시킨다. 스케치에 자주 사용되는 선은 한 번에 완성하는 선이므로 익숙해지도록 한다. 특별한 의도나 텍스추어의 전달을 위해 선을 흔드는 경우는 있지만 초보자들에게는 권하고 싶지 않다
2. 시작점과 끝점을 결정하여 한 번에 그리기. 자신 없이 끊어서 그리거나 여러 번에 걸쳐서 선을 완성하는 것은 선의 연습단계에서는 바람직하지 않다.

*시작점에 힘을 주고 끝점에도 힘을 주고 끝맺음을 해야 한다.

3. 선이 너무 길어서 한 번에 그리기가 힘든 경우 바로 전에 그은 선에서 살짝 띄워서 그리자.

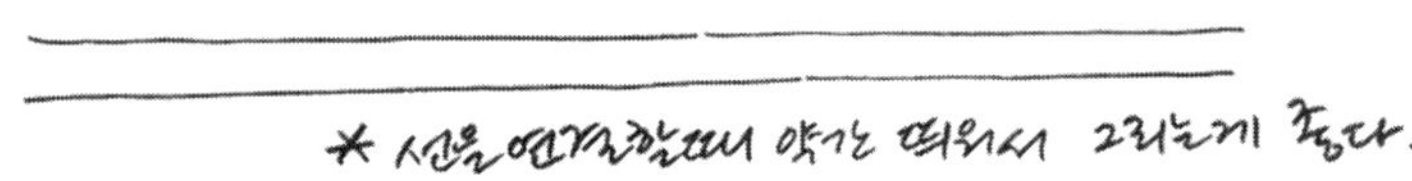

선을 덧칠하여 그리게 되면 선의 굵기가 변해 의도한 선의 표현이 방해받을 수 있다.

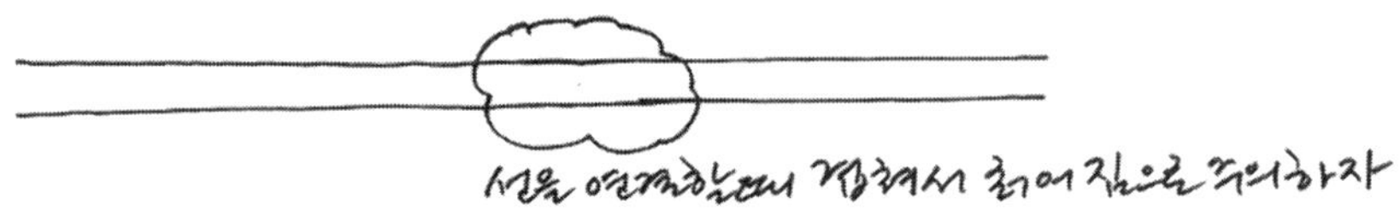

*의도적으로 덧칠하여 표현하는 것은 좀 더 표현에 자신이 생긴 이후의 단계이다.

4. 모서리에서 선을 교차하여 표현하자. 형태를 구체적으로 보이게 한다. 또한 한 방향으로 연속하여 그리게 되면 부드러운 모서리를 표현할 수 있다.

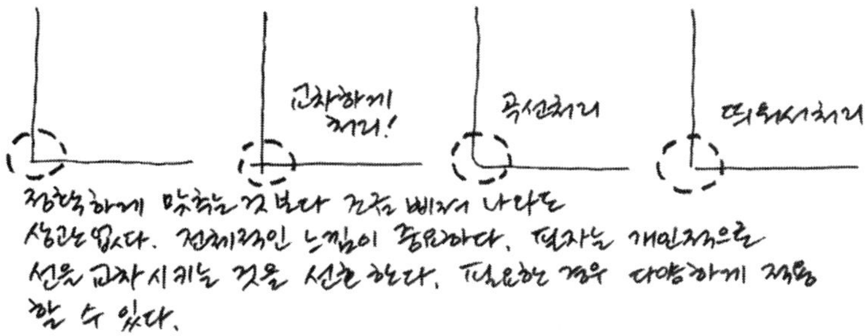

5. 의도에 따라 또는 표현상의 필요에 의해 선의 굵기를 의도적으로 변화시키면서 선을 그어보자. 더욱더 풍성한 표현의도를 담아낼 수 있다.

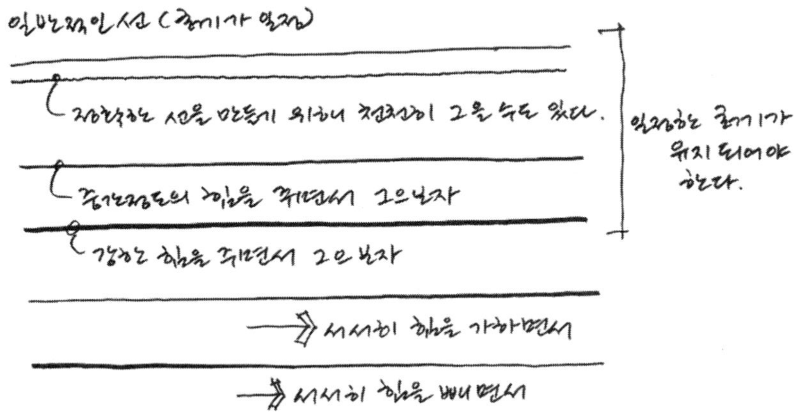

각각의 모양에는 나름대로 연상되는 의미가 있으므로 다양한 선과 연상 작용을 일체화하는 작업을 시도해보자.

6. 빗금선도 스케치의 효과를 더하는데 효과적이다. 우선 간격의 조절이나 각도, 시작과 끝 부분에 신경을 써서 완성하도록 하자. 익숙해지면 조금 더 편안한 선으로 그림을 완성할 수 있도록 연습한다.

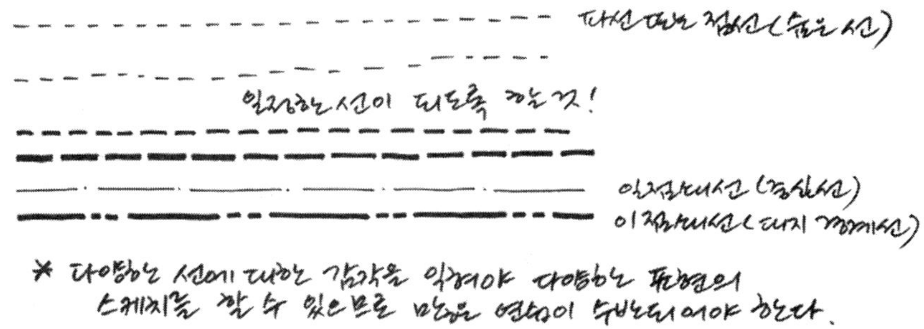

*다양한 선에 대한 감각을 익혀야 다양한 표현의 스케치를 할 수 있으므로 많은 연습이 수반되어야 한다. 특히 건축 및 인테리어의 경우 평면작업을 프리핸드로 하는 경우 유용하게 쓸 수 있다.

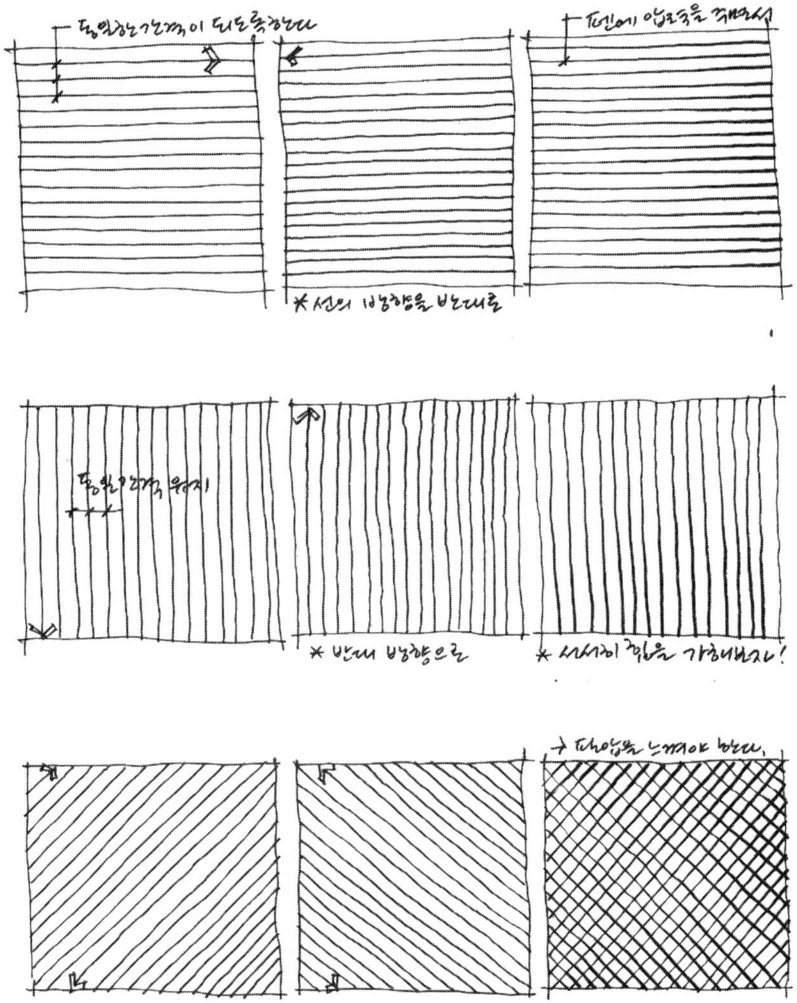

* 선은 일반적으로 위에서 아래로 좌측에서 우측으로 그리는 것이 일반적이다. 하지만 필요한 경우 반대 방향으로 선을 그을 수 있으므로 연습을 해두는 것이 좋다.

◆ 수평선 및 수직선 연습

선의 간격과 굵기를 의도적으로 변화시켜 가면서 연습한다.

*수직선을 한 번에 긋기 힘들면 중간에서 끊어도 된다.

◆ 사선연습

선의 간격, 굵기, 그리는 방향을 바꾸어 가면서 연습해보자. 단, 선의 기울기는 같은 그림 내에서는 동일하도록 연습한다.

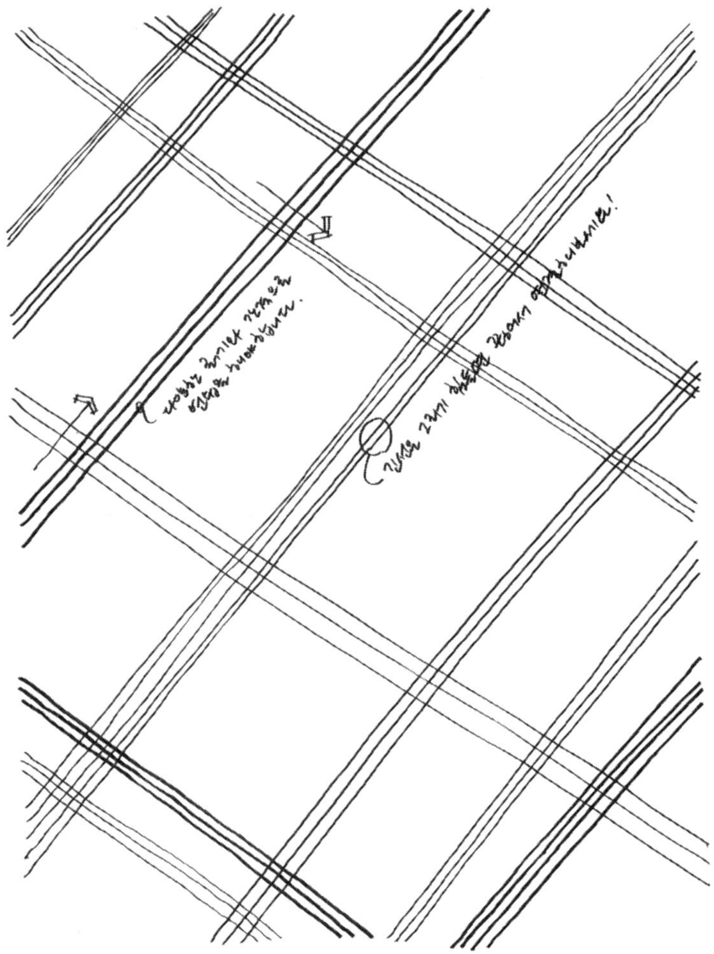

*직접 그려보세요

◆ 목적점 연습

선은 의도하고자 하는 시작점에서 끝나는 지점까지 그릴 수 있어야 스케치가 가능해진다. 실수를 두려워 말고 연습한다.

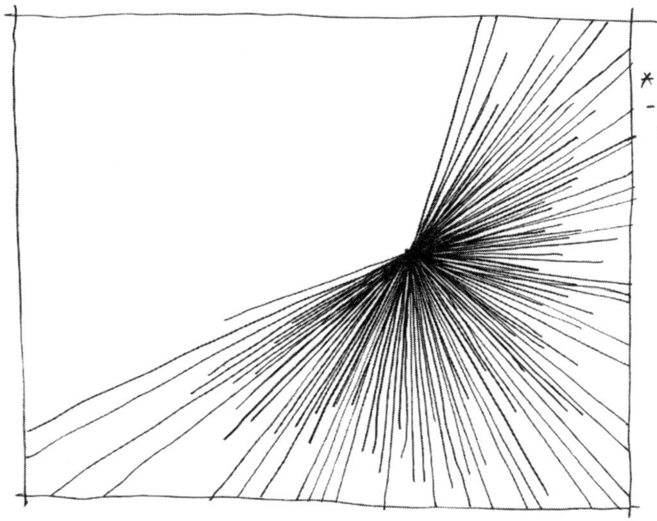

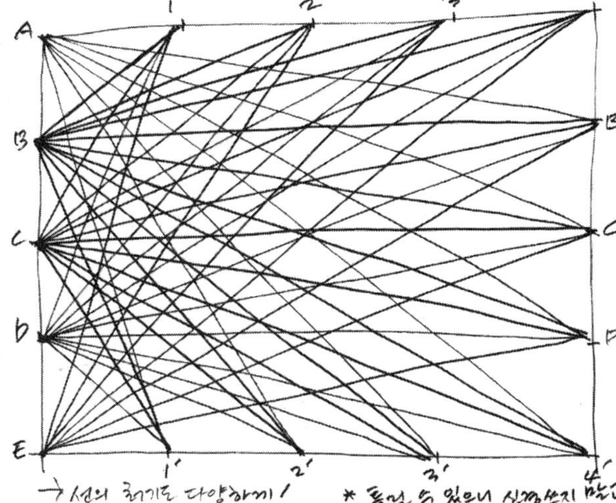

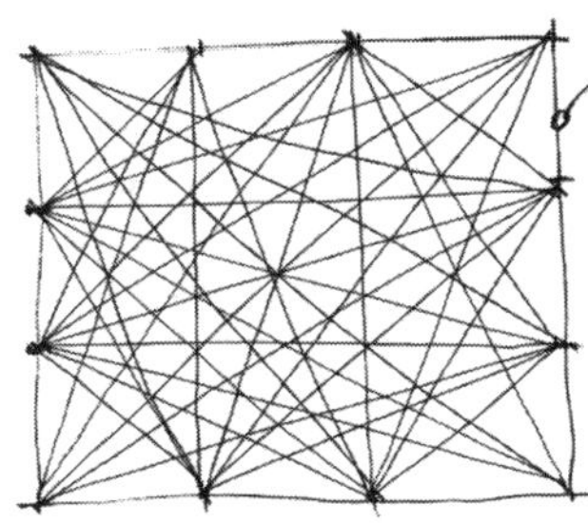

"항상 도전하고 실패도 해보라. 상관없다. 안될게 뭔가? 다시 시도해 보라. 다시 실패해보라. 더 나은 실패를 해보라."

(사무엘 베킷)

◆ 다양한 선 연습 사례들

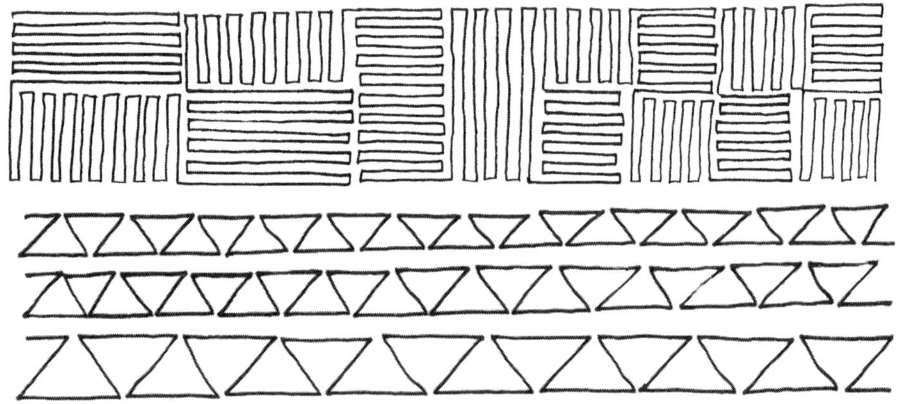

◆기본도형 사각형, 삼각형, 곡선을 응용하여 선을 연속하여 이어서 특정한 패턴을 만들어보자. 주어진 선형 외에도 비슷한 주제를 만들어 보고 연습하자.

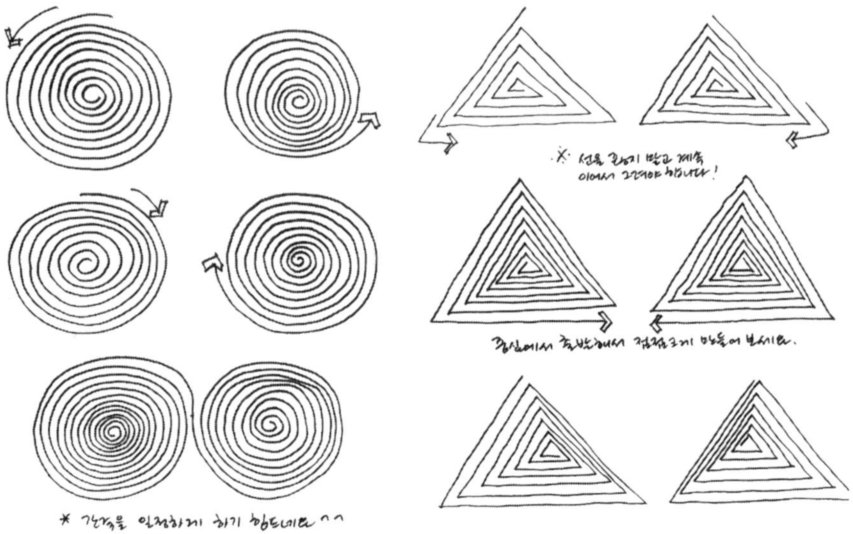

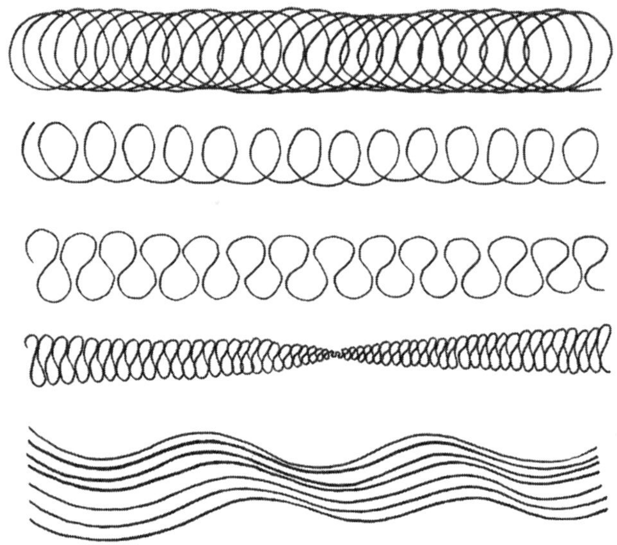

● 선의 분할

선을 일정한 부분이나 길이를 나누고자 한다면 선의 양끝을 보고 눈대중으로 일정한 비율로 나누어야 한다. 자를 사용하면 간단하지만 눈을 이용한 감각을 사용해야 비례감이 향상될 수 있다.

◆ 2분할

우선, 두 점 사이의 거리를 2등분하는 것에서 시작하고, 이등분을 두 번하면 1/4를 얻을 수 있으며 다시 1/8등분을 얻을 수 있다.

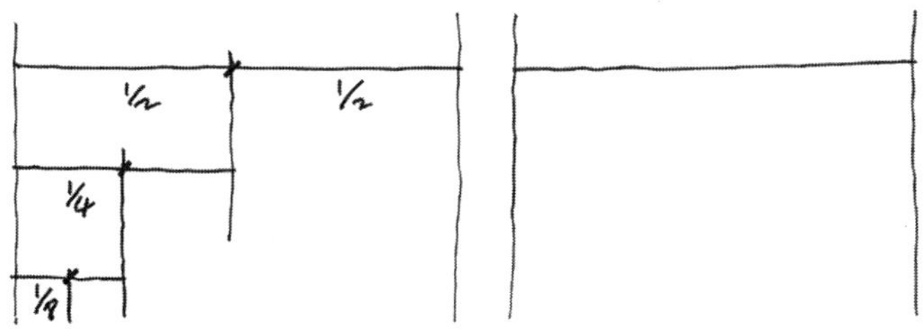

◆ 3분할

선을 3등분하기 위해서는 전체 선분의 길이를 눈으로 3등분해야 한다. 우선 전체 선을 1:2로 나누는 점을 대략적으로 정한 후 2에 해당하는 선을 2등분하여 '1' 의 길이와 비교해 본다. 차이가 느껴진다면 점을 다시 등분해서 3등분 점을 보정하면 된다.(5분할, 7분할도 연습해보세요!)

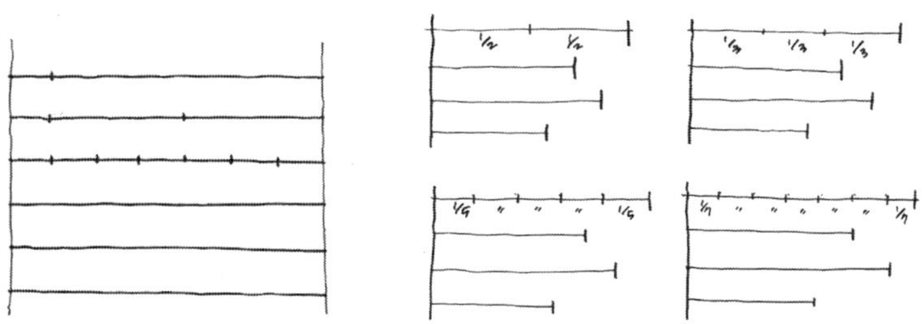

◆ 선이 긴 경우의 분할

전체를 2등분하여 검토하면 편리하다. 예를 들어 아래의 긴 선을 5등분 하는 경우

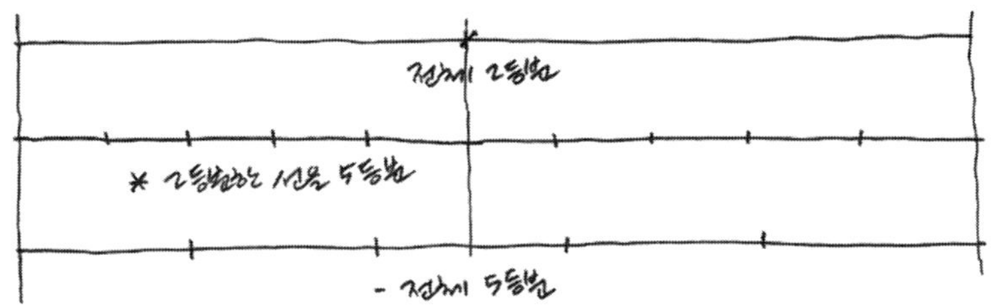

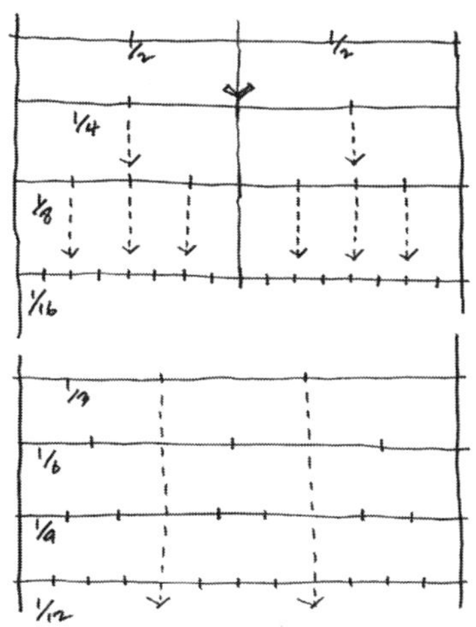

*6분할은 2분할 적용 후 3분할하는 것이 쉽다.

● 면의 분할

– 모든 입체면은 기능과 용도에 따라 면이 나뉘어져 있다.

– 면을 분할하여 표현하기 위해서는 일정한 원칙에 따른 등분법을 익혀두자.

◆ 눈과 대각선을 이용한 면의 분할

면의 분할이 많아지는 경우 도해에 의존해서만 면을 나누는 것은 비효율적이다. 수직선을 등간격으로 나누면 대각선을 이용하여 면을 분할하는 연습을 하자.

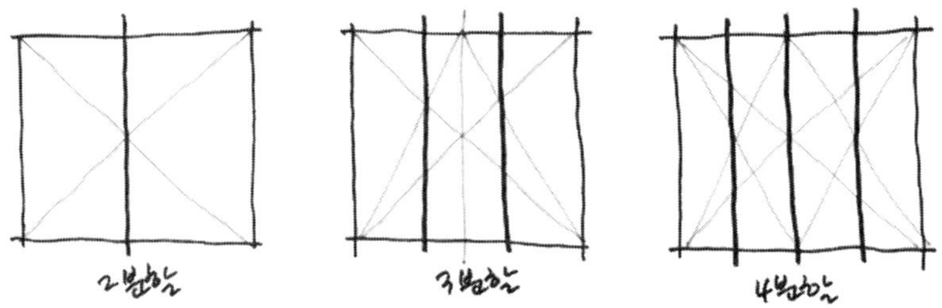

*수직선의 분할은 눈의 감각에 의존하여야 한다.

◆ 4등분(2×2)

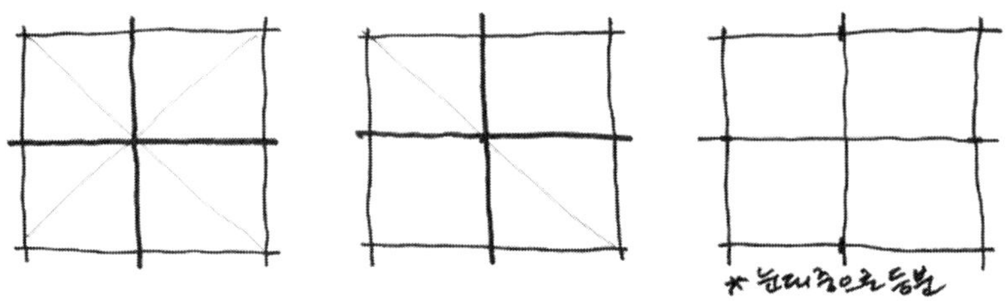

◆ 9등분(9×9)

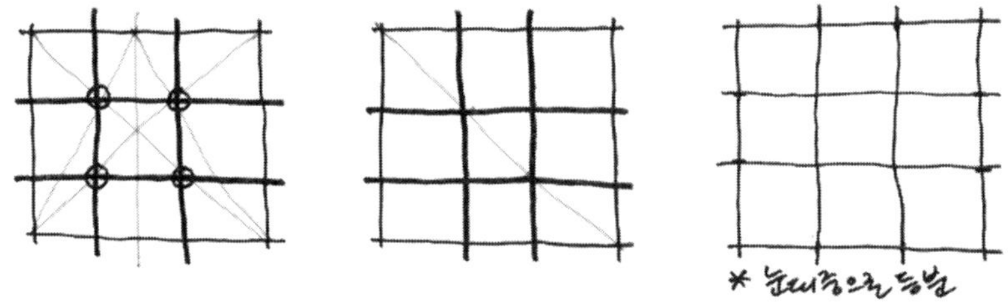

◆눈대중 분할을 이용한 박스 그리기

기준이 되는 선을 먼저 그리고 그 길이를 고려해 기준선을 기준으로 하여 배율을 생각하여 선을 그리고 나머지 부분을 정리하는 방식으로 처리하면 된다.

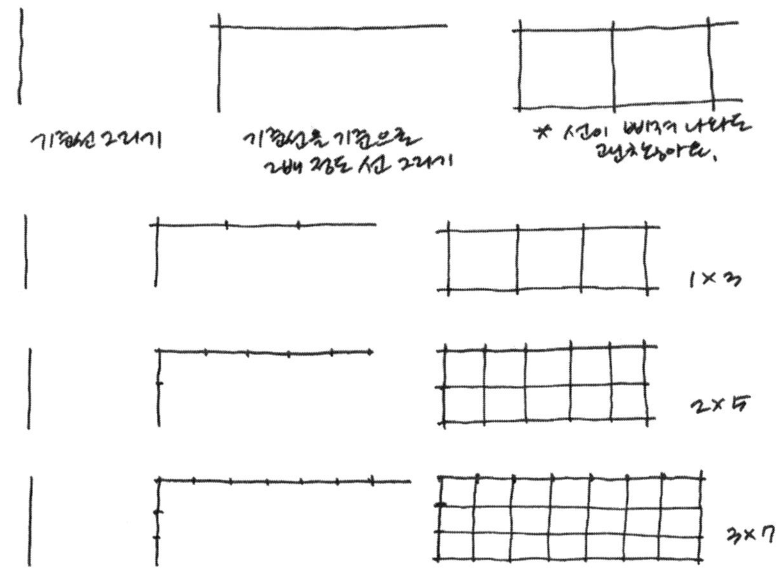

◆눈대중으로 할 경우 점을 찍어서 등분을 한 후 선을 긋는다.

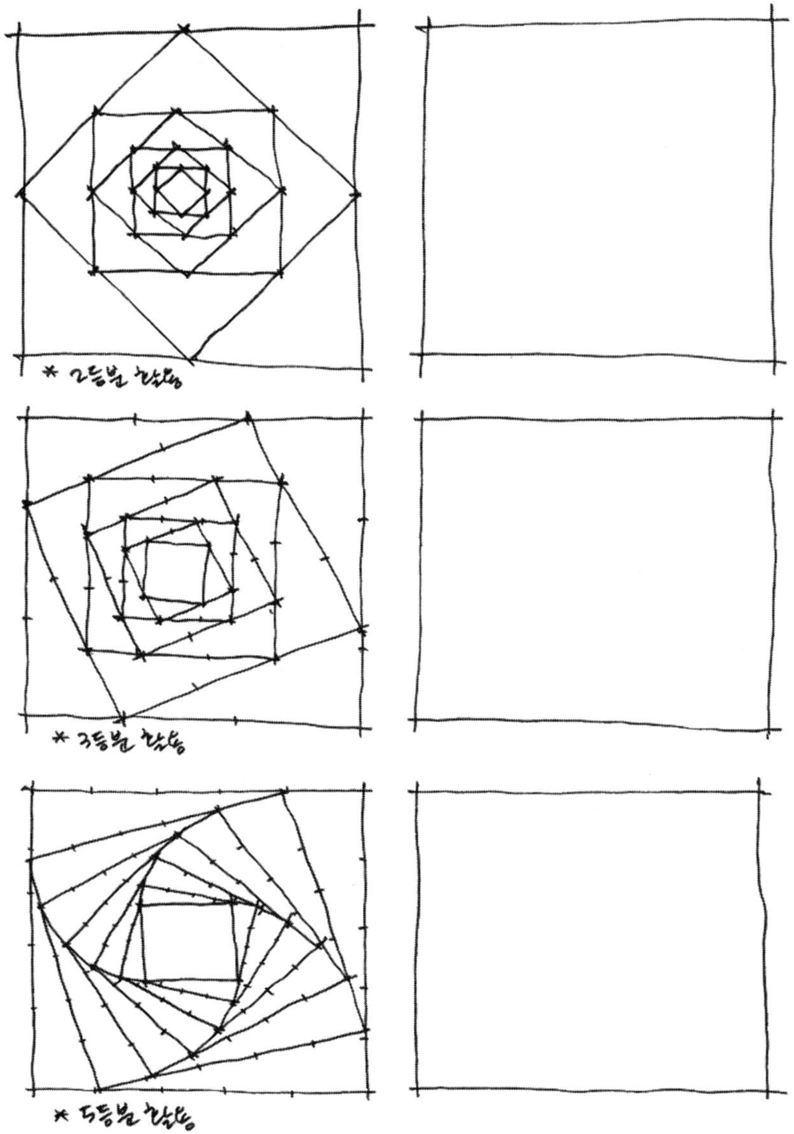

* 2등분 활용
* 3등분 활용
* 5등분 활용

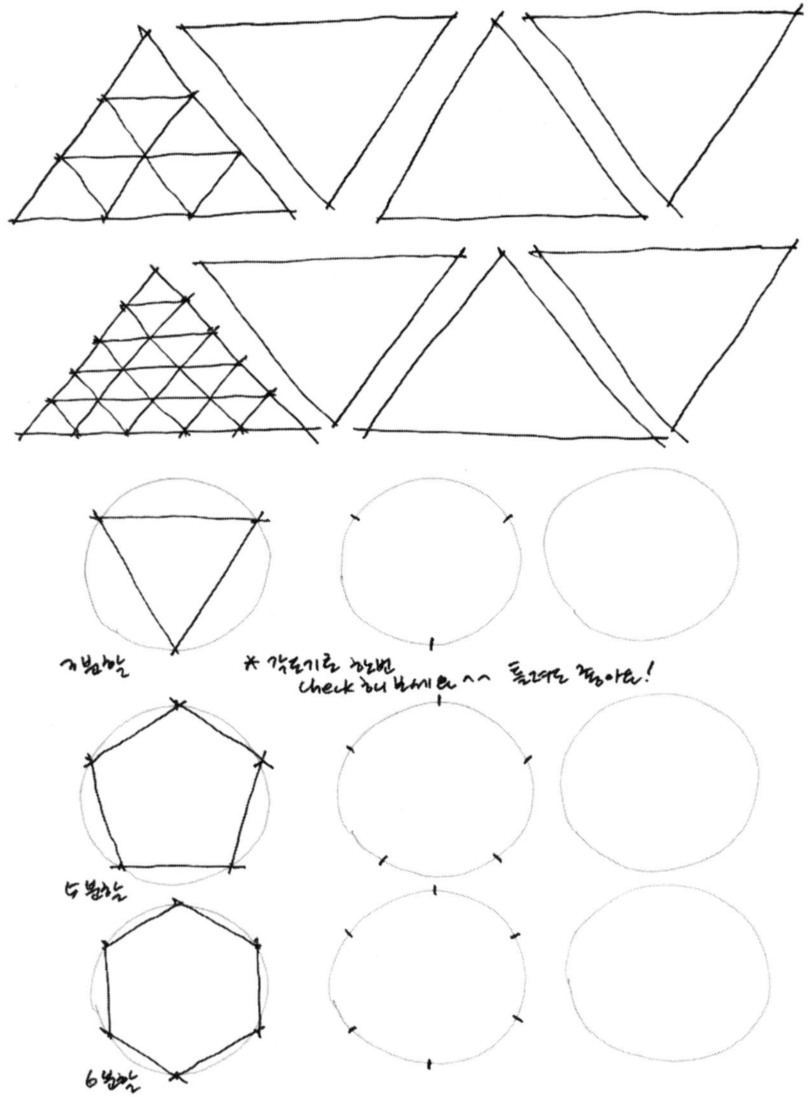

3분할
* 각도기로 한번 check해 보세요 ^^ 틀려도 좋아요!
5분할
6분할

● 면의 기본 형태

— 수평선, 수직선, 사선, 곡선들을 결합하여 면을 만든다.

— 면의 표현에 있어서는 대칭과 비례를 고려하여야 한다.

— 면 길이를 조정할 때에는 눈대중으로 분할하여 볼 줄 아는 감각을 키운다.

> "항상 도전하고 실패도 해봐라. 상관없다!
> 안될게 뭔가? 다시 시도해 보라!
> 다시 실패해 봐라. 더 나은 실패를 해봐라."
> -사무엘 베킷

◆ 정사각형

특징 : 도형 중에서 가장 중요한 도형이다. 마주보는 변의 평행감각, 가로세로의 동일한 길이로 만드는 비례감을 익혀야 한다. 투시도 효과에 의한 착시로 정확한 작도가 힘든 경우가 있으므로 종이와 시선을 90 ° 로 하여 연습하는 것이 좋다.

— 네 변의 길이가 동일하도록 연습

— 네 모서리가 직각이 되도록 연습

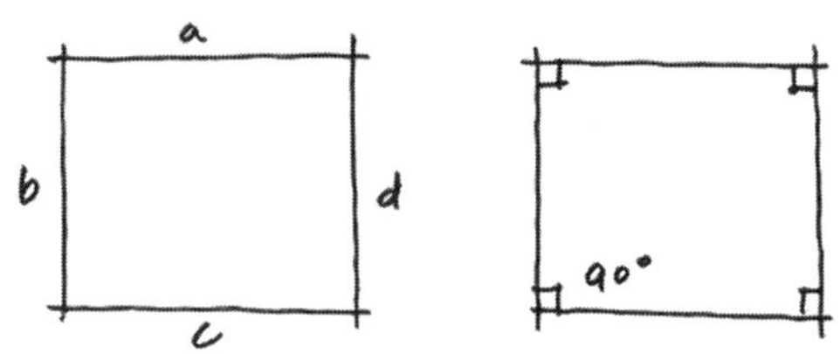

※주의: 선이 직교하도록 긋는 연습을 하고 길이에 대한 확신이 없는 경우는 필요한 길이만큼 눈대중으로 점을 찍어보자.

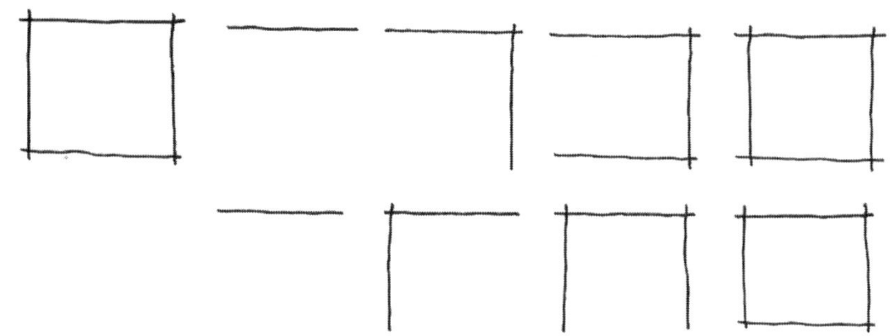

*정사각형을 그리는 것도 쉽지 않아요!

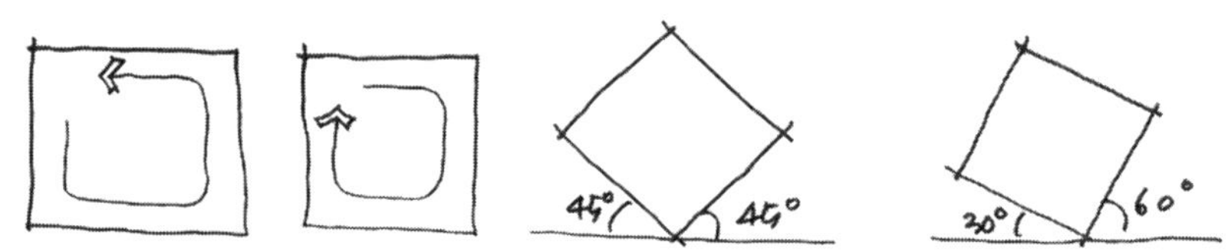

*한 번에 그리기

*각도를 변경하여 그리기

◆ 마름모

정사각형을 투상도로 그리는 경우 마름모로 그려질 수 있다. 마름모는 정사각형을 표현하는 또 다른 언어이므로 충분히 연습해 두자.

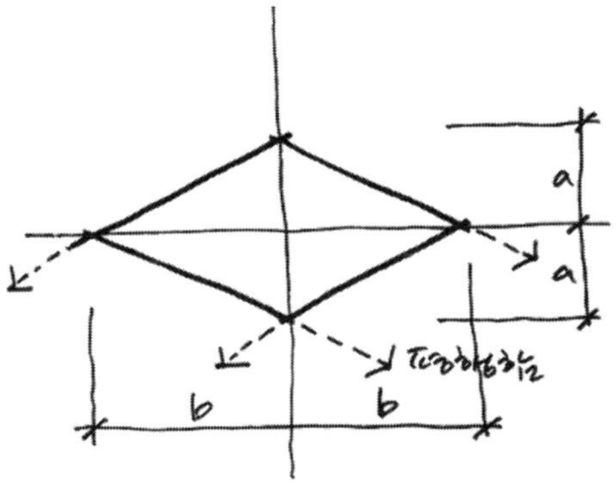

* 직교하는 선분상의 직교점에서 같은 축 방향으로 동일거리(a, b)의 점을 찍고 이점들을 연결하면 마름모가 된다.

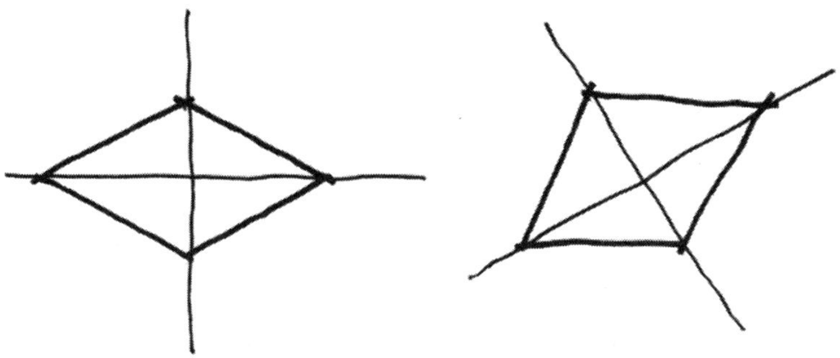

* 각도를 변경하여 마름모 형태를 연습해보자

◆ 정삼각형

세변의 길이가 동일한 삼각형으로 세모서리가 60°인 삼각형으로 이등분하면 선의 각선의 비례가 1:2:√3(=1.732) 인 삼각형이다

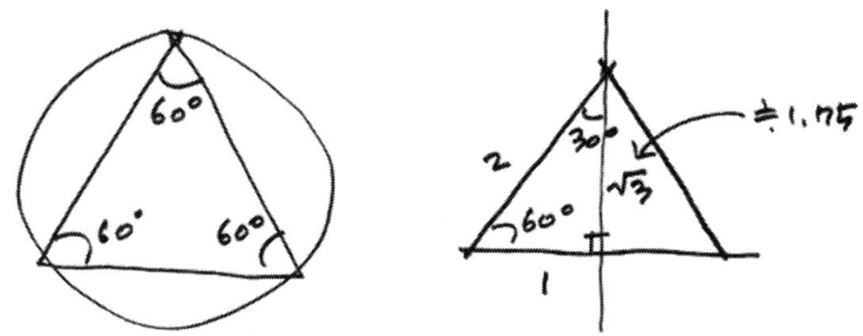

* 다양한 형태의 삼각형을 연습해보자

◆ 원 (타원)

특징: 중심선에서 동일한 거리에 있는 점을 연결한 도형이다. 캠퍼스를 사용 하지 않고 작도할 수 있도록 연습하자.

"일을 시작하는 첫 단계는 말을 멈추고 실행하는 것이다." - 월트 디즈니

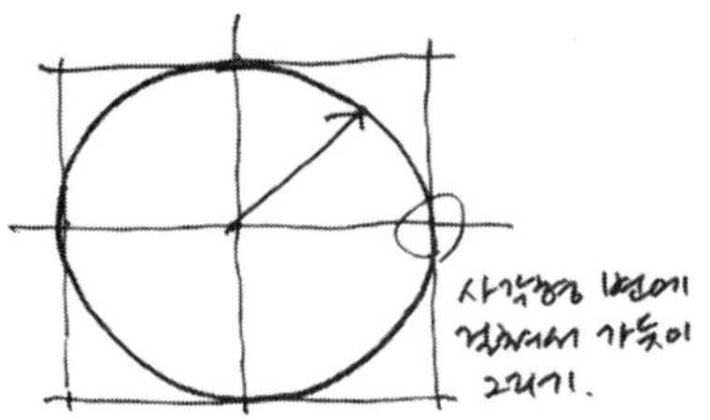

정사각형을 그리고 네 변에 중심점을 찍고 눈대중으로 원을 완성.

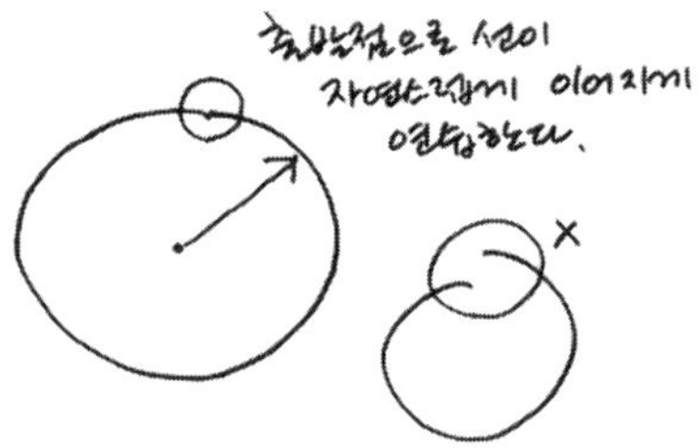

내접하는 원을 작도「원작도의 최종목표임」

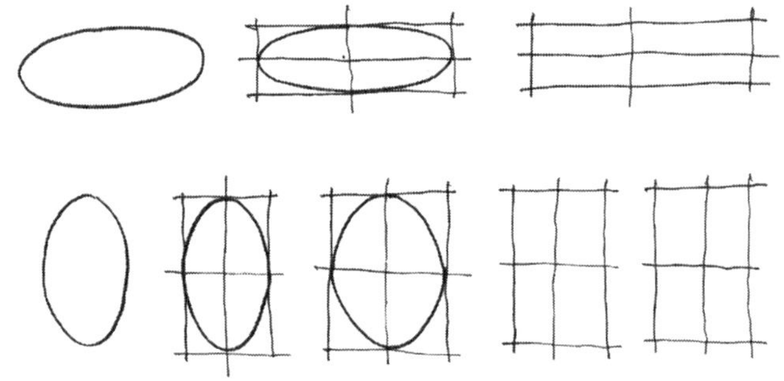

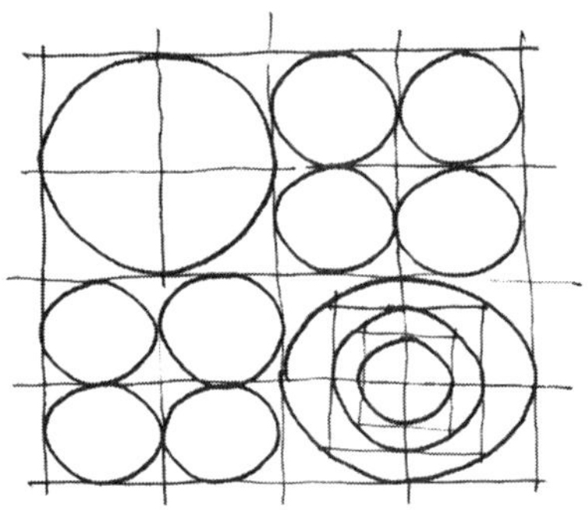

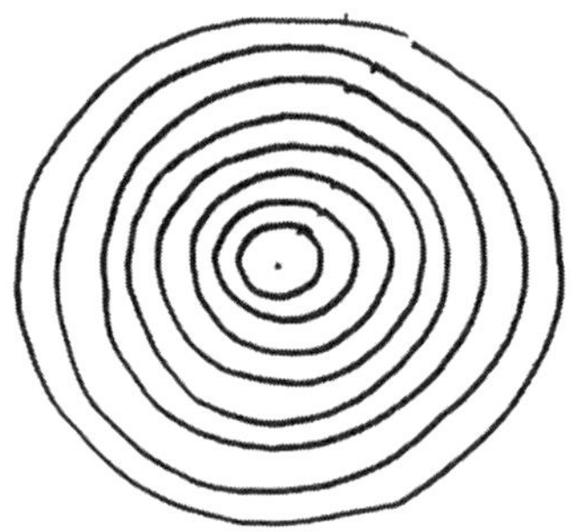

＊ 보조선 없이 원을 그리기 어려울 것이다. 하지만 반복 숙달을 하면 보조선의 도움을 받지 않고 그릴 수 있다.

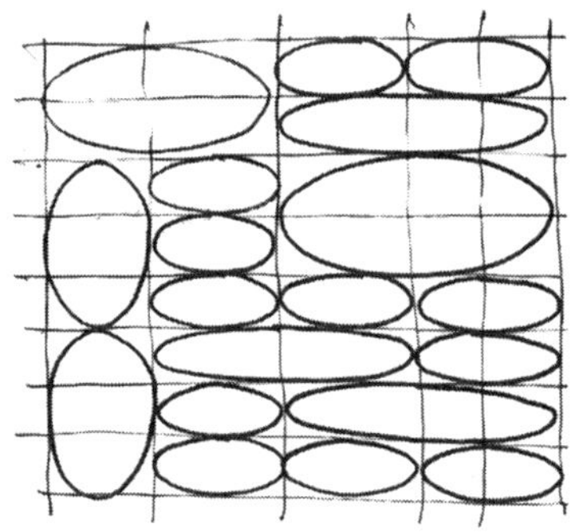

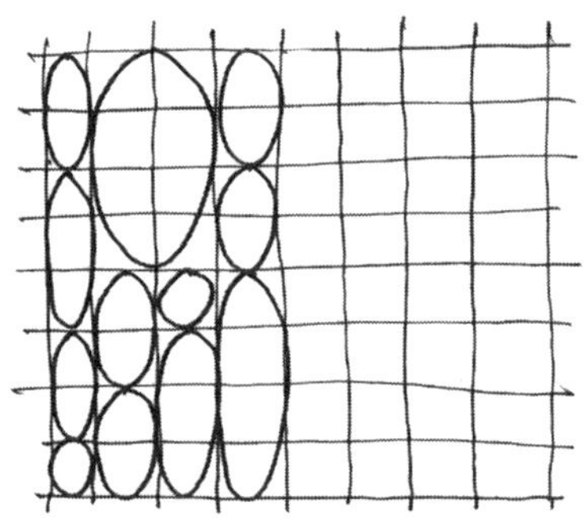

＊ 타원의 경우 정사각형이 아닌 직사각형에 내접하는 원을 그린다.

● 평행투상도

평행투상도는 1개의 시점에서 3개의 면을 표현할 수 있도록 작성하는 그림이다. 보이는 면을 단순히 각을 설정하여 평행한 선으로 작도하게 되어 입체를 파악하는데 유리하다. 하지만 투시도법과 달리 소점이 없어 사물이 왜곡되어 보이는 단점이 있다.

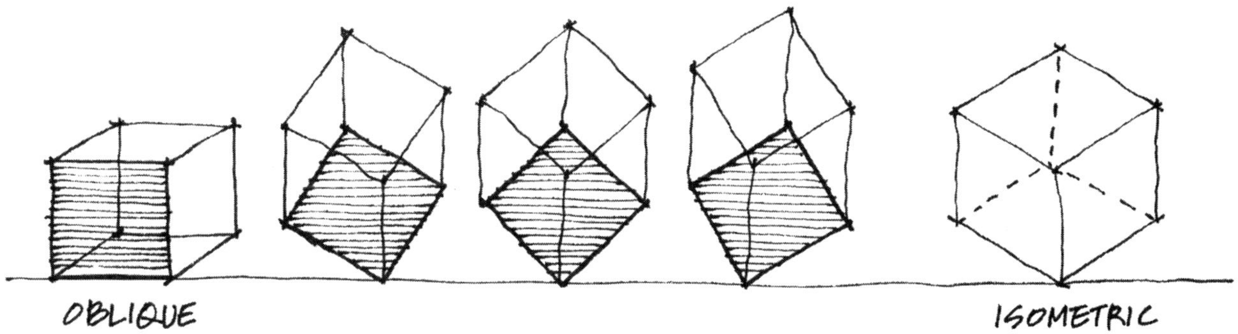

◆ 평행투시도의 종류

① 부등각투시도(Oblique, Trimetric)

실도면(입면)을 바탕으로 하여 형태를 표현하며 입면 모서리의 만나는 각이 30-60 ° 를 이루고, 실제길이보다 약 3/4 정도 표현해야 실제에 가깝게 보인다.

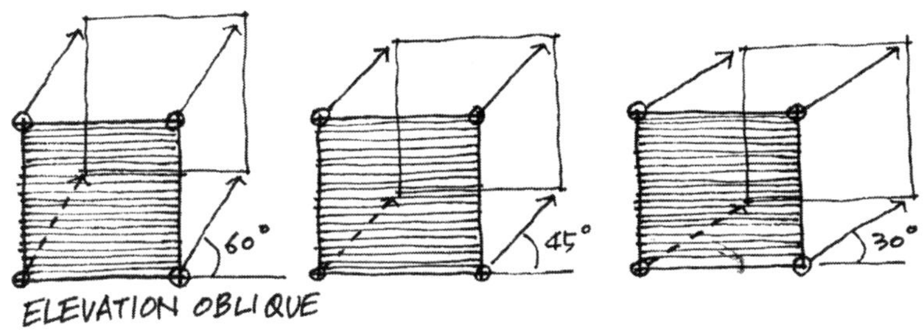

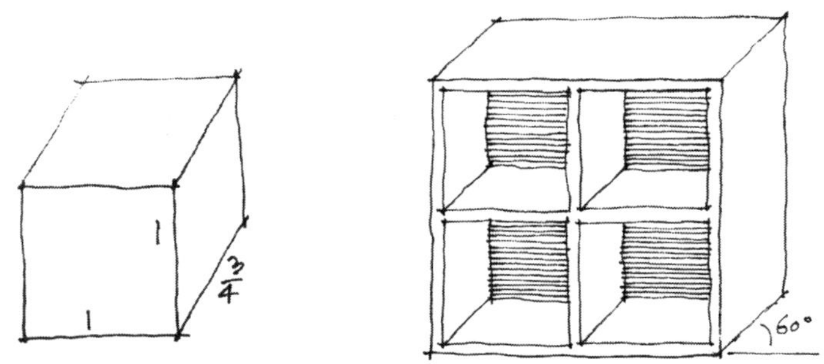

*입면을 그대로 사용하여 그리는 투상도로 가장 중요하거나 복잡한 면을 강조하여 표현할 때 사용한다.

② 이등각투시도(Axonometric: 엑소노메트릭, Dimetric: 디메트릭)

실도면(평면)을 바탕으로 하여 내부형태를 표현하며, 평면 모서리의 만나는 각이 90° 를 이룬다. 주로 평면이나 지붕을 강조할 때 사용한다.

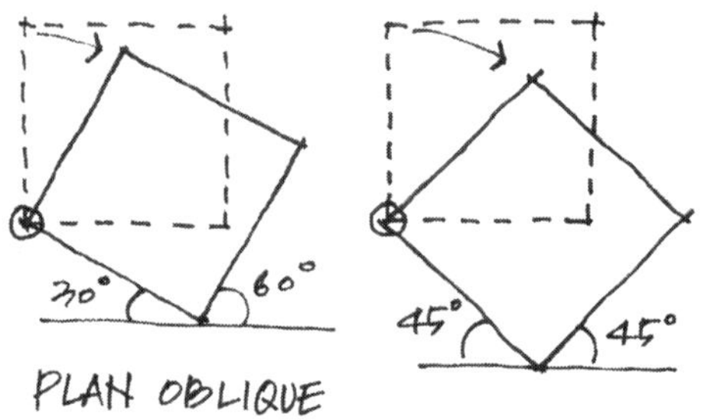

※ 엑소노메트릭의 장점

1. 모든 축선 상에서 길이를 그대로 적용 할 수 있다.
2. 스케일을 쉽게 가늠할 수 있다.
3. 볼륨의 관계를 쉽게 이해할 수 있다.

③ 등각투시도 (Isometric : 아이소메트릭)

가장 안정적인 도법으로 엑소노메트릭보다 좌우측 입면이 모두 강조된다. 입면 투상도는 실제치수 작도시 과장되어 보이므로 깊이 감을 비례에 맞게 줄여서 표현한다.

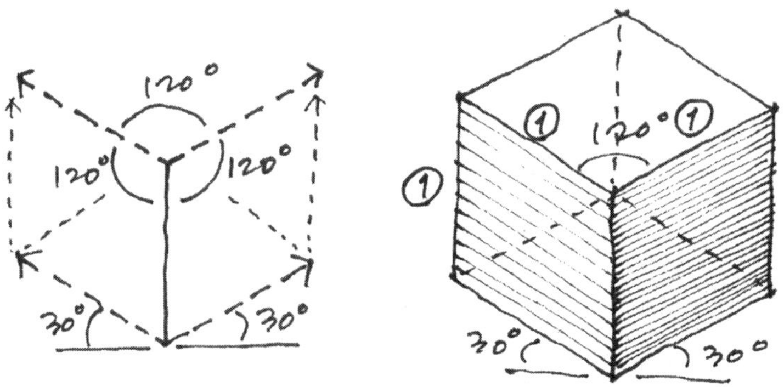

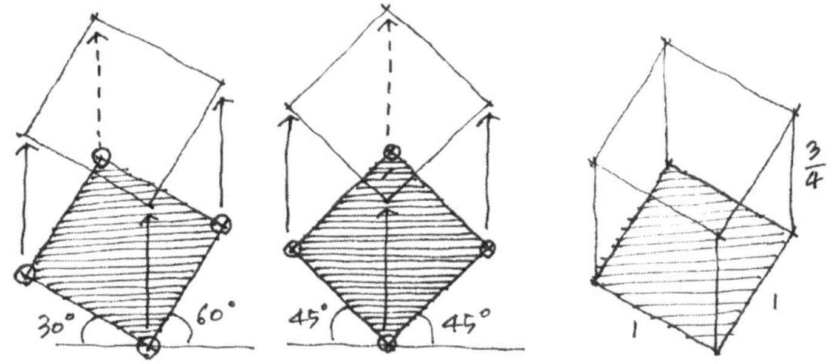

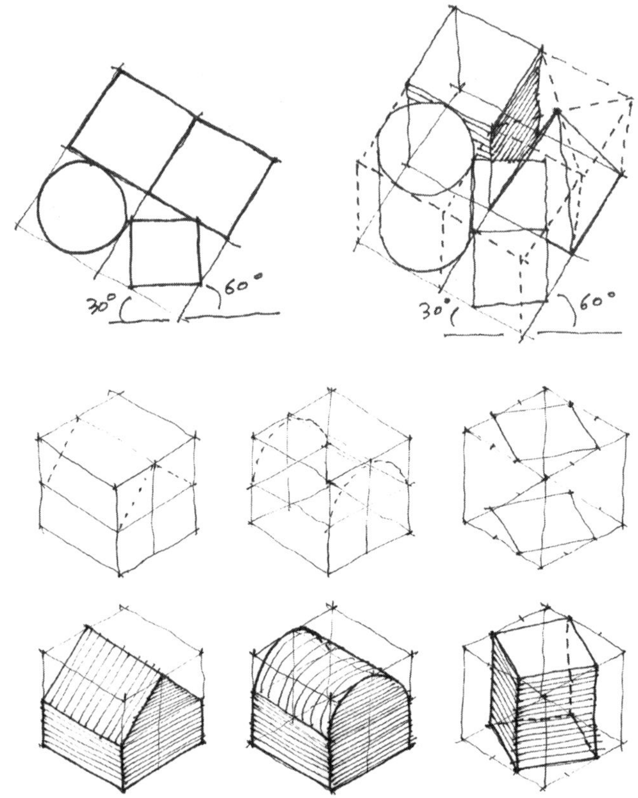

◆ 기본적인 도형 그리기

◆정육면체 ◆정사면체 ◆원기둥 ◆원뿔

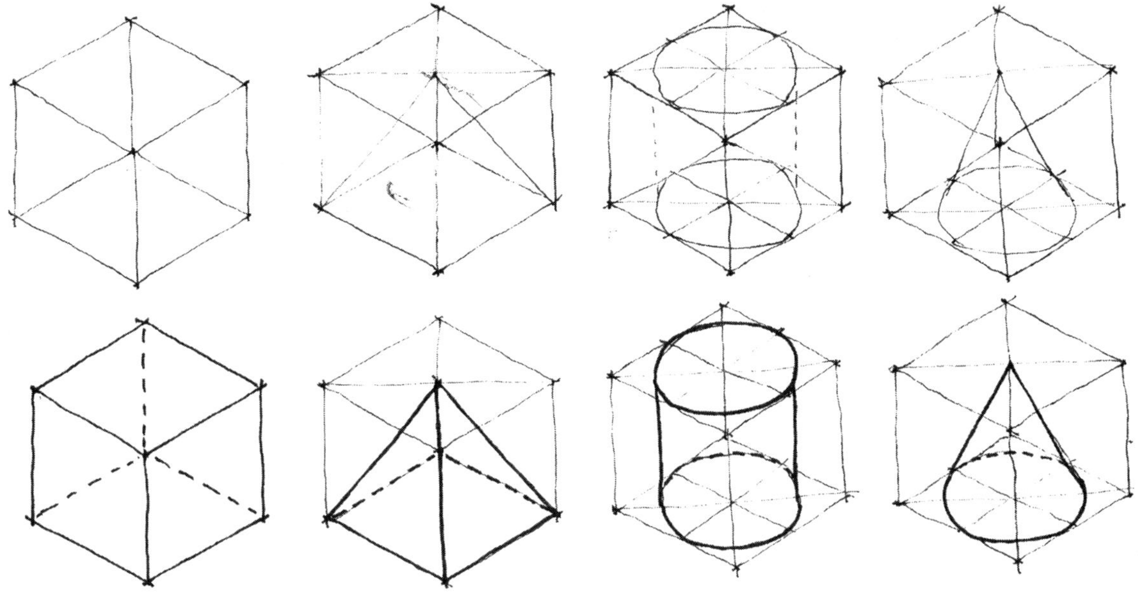

① 직육면체의 하부면의 중심에 점을 찍고 원을 그린다.

② 상부면 중심에 점을 찍고 여기를 꼭짓점으로 하는 원뿔완성.

◆구

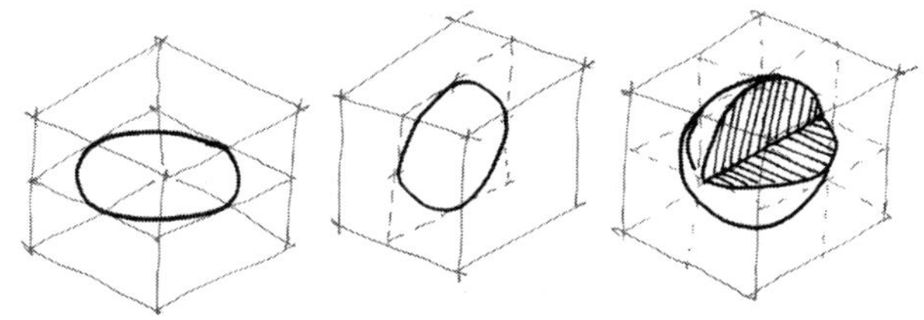

＊구는 어떤 시점에서 보아도 '원' 이다.

① 정육면체 중간높이의 사각형에 내접한 원을 가정하여 작성

② 세로면의 중간에 내접하는 원을 완성

③ ①②의 외곽선을 지나는 원을 완성

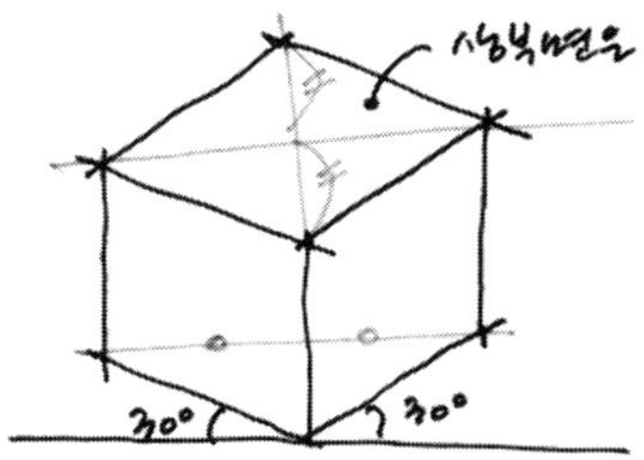

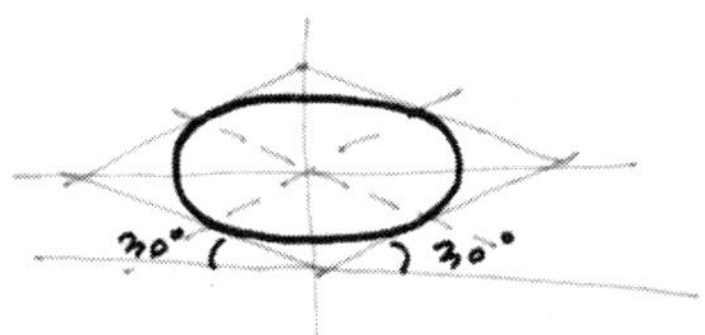

◆ 정육면체를 응용한 다양한 입체 연습(아이소메트릭 기법 활용)

정육면체를 응용하면 다소 복잡한 형태로 쉽게 표현할 수 있다, 각 변을 적절히 분절하고 상호간 연결되는 모서리 면을 이어주면 된다.

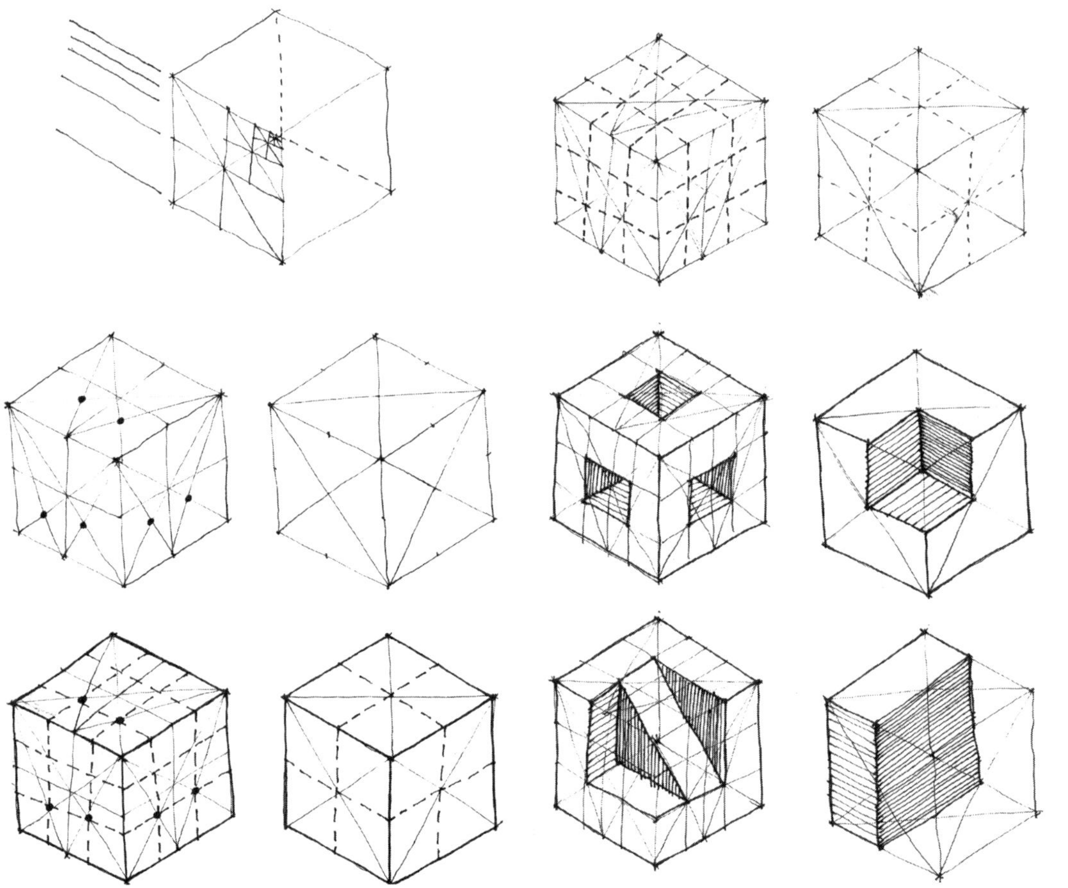

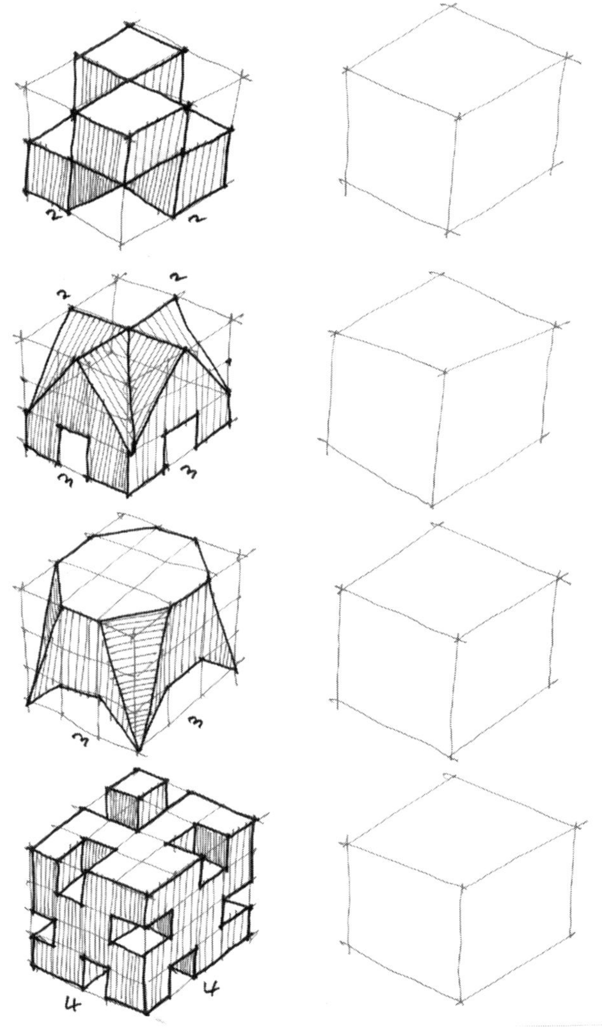

◆ 주변의 사물들 그리기

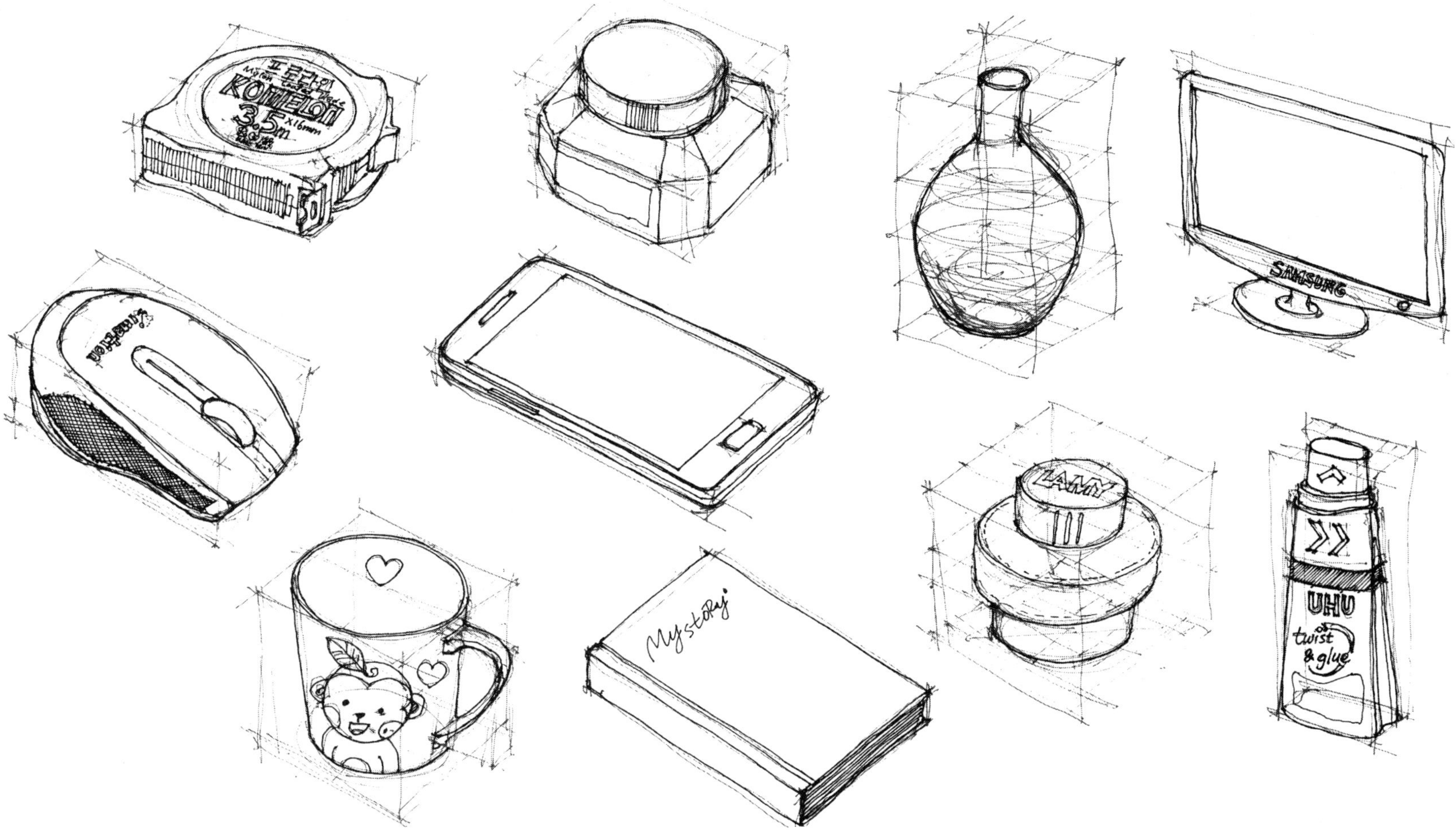

◆ 평행투상도 적용 사례

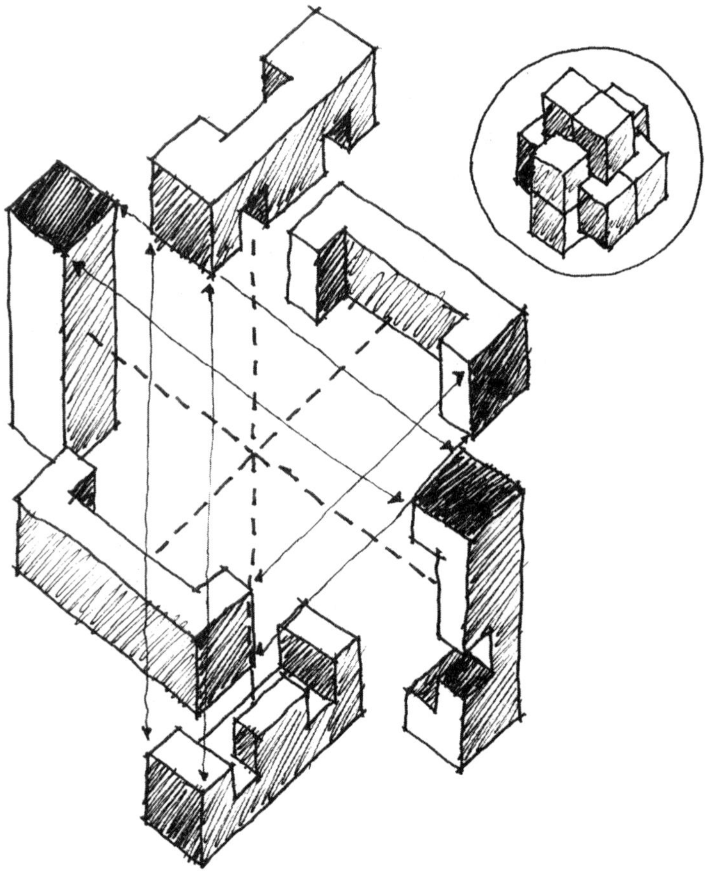

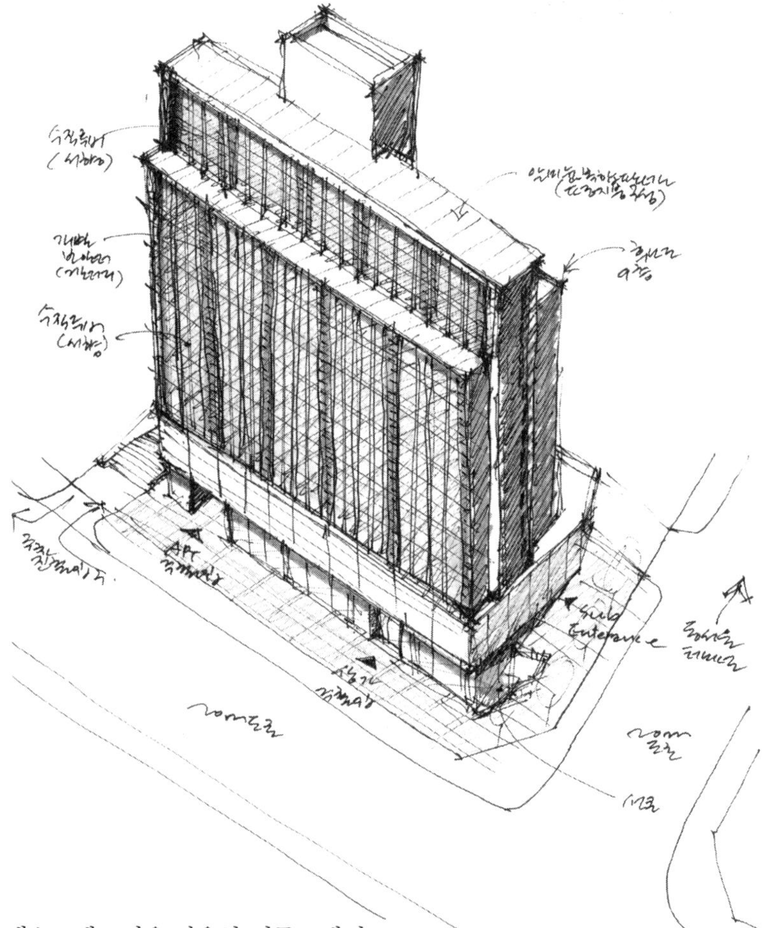

엑소노메트릭을 이용한 건물스케치

1. 계획된 평면을 출력하여 30°, 60° 각으로 돌려서 고정한다.

2. 트레이싱페이퍼를 깔고 고정한다.

3. 실제 스케일의 높이를 적용하면서 계획을 정리한다.

● 물체의 시각화 연습

설계도를 그릴 때 일반적으로 건물의 세면(정면, 입면, 후면)을 나타내는데 그것은 마치 물건을 유리 상자 속에 넣고 각 면을 보이는 대로 베껴 낸 것과 같다. 유리 상자를 바로 위에서 내려다 본 것이 건물의 평면이고, 어느 한 측면에서 본 것이 측면이다.

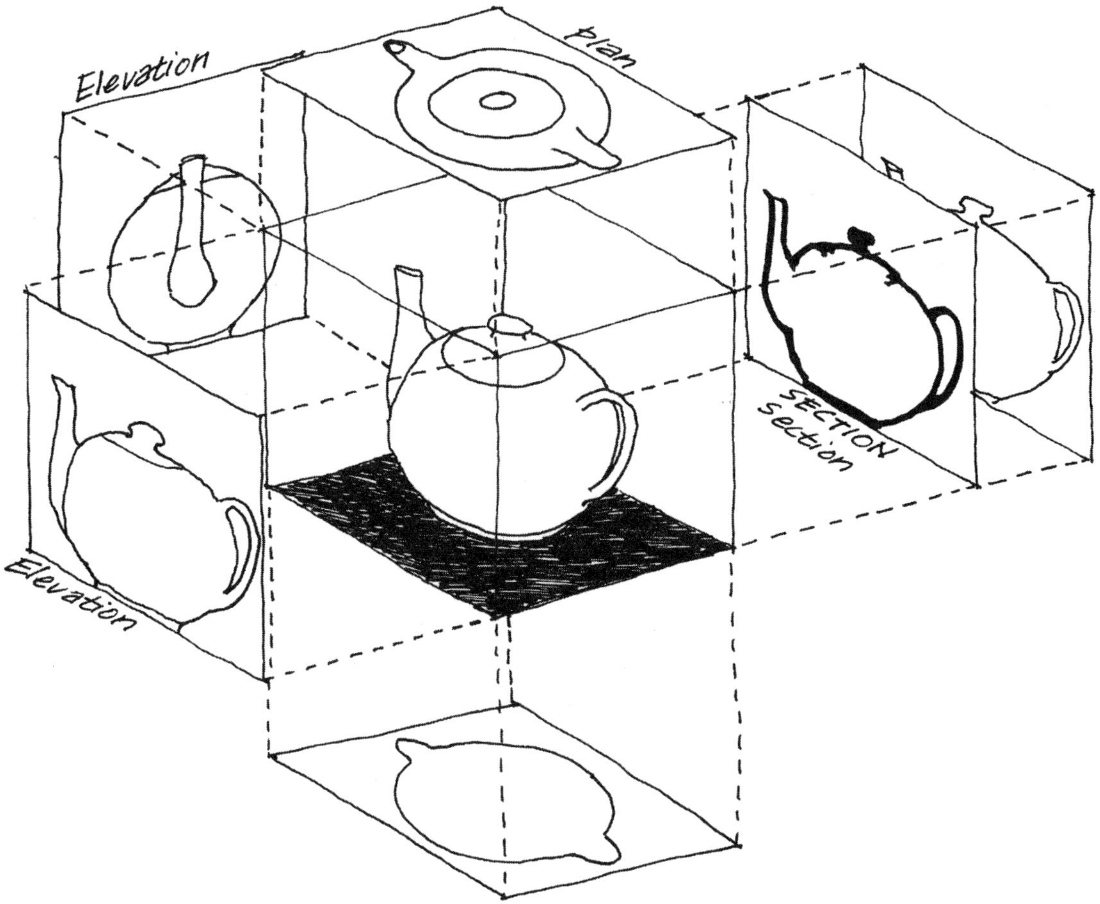

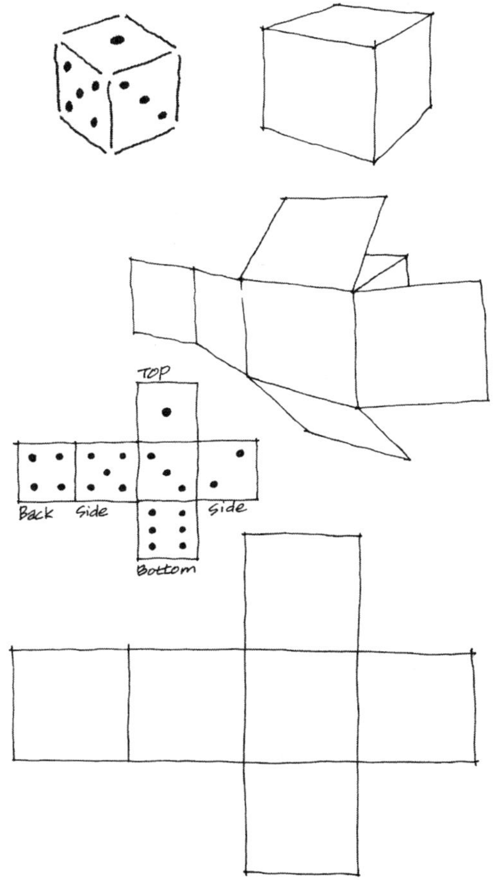

※ 물체의 경우 3개의(평면, 정면, 측면)면에서 직각방향으로 보게 되면 제시된 평면, 정면, 측면의 모양으로 보이게 된다. 이러한 3개면 형태를 유추할 수 있다면 물체의 형태를 그려내는데 응용할 수 있다.

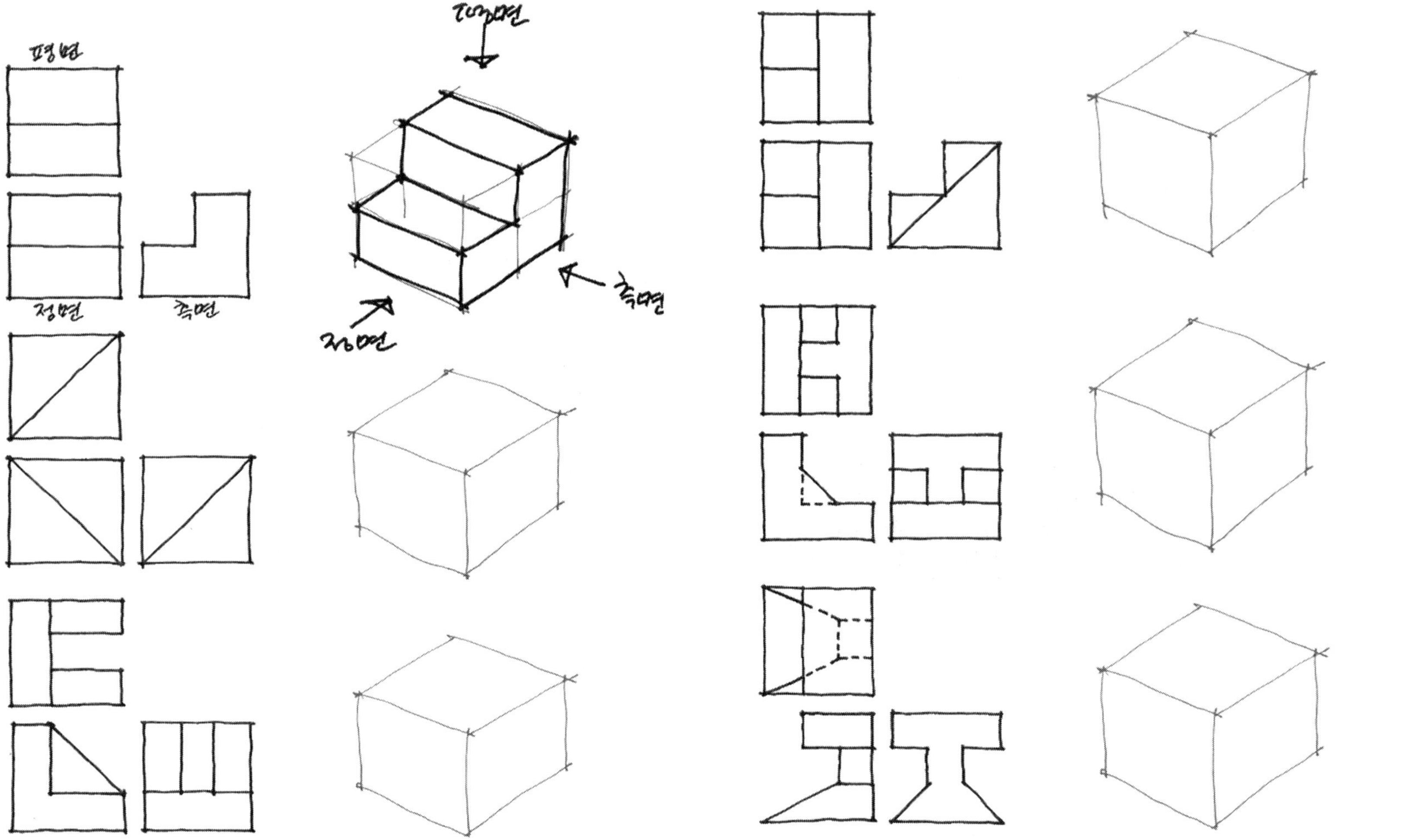

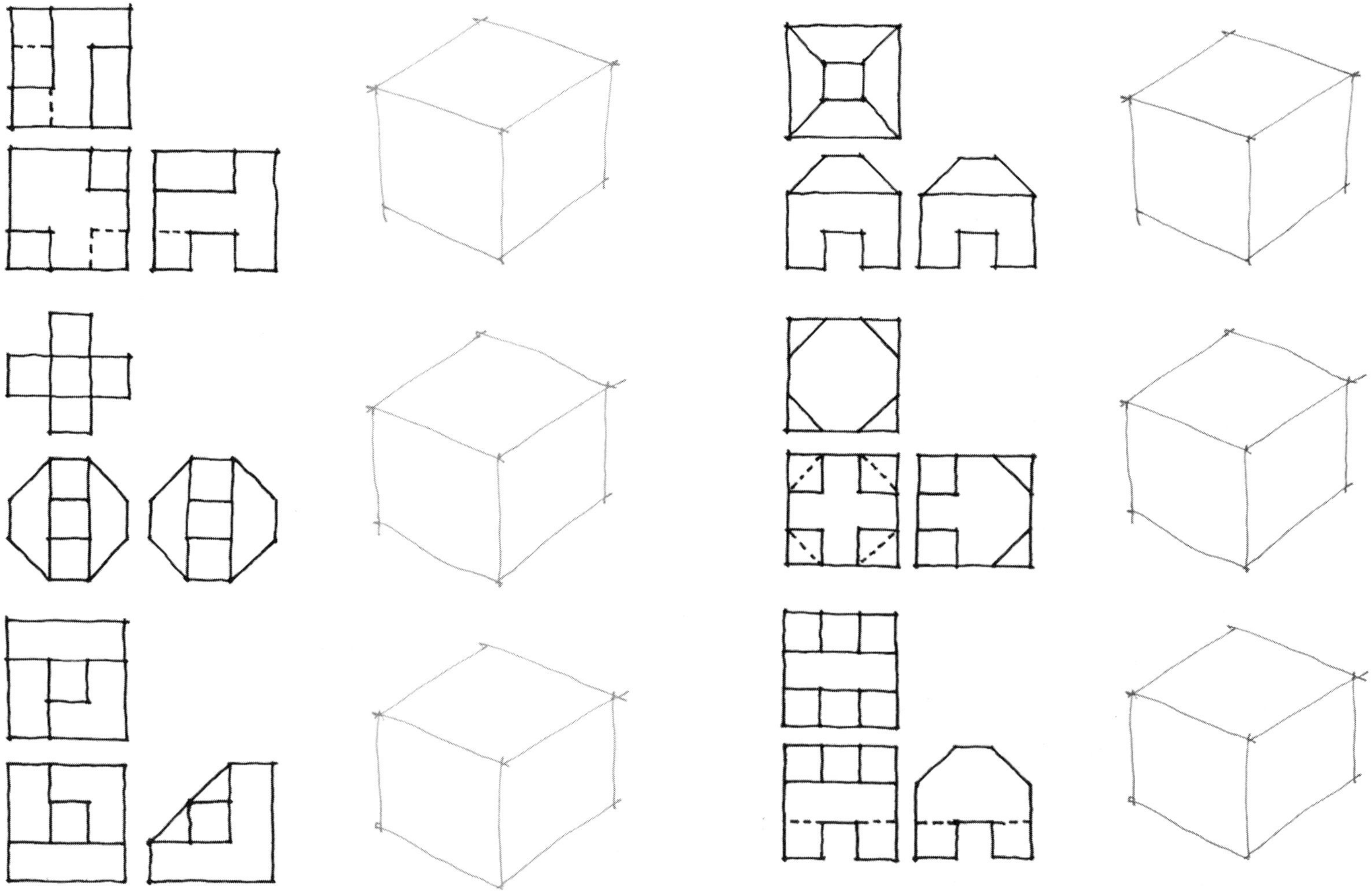

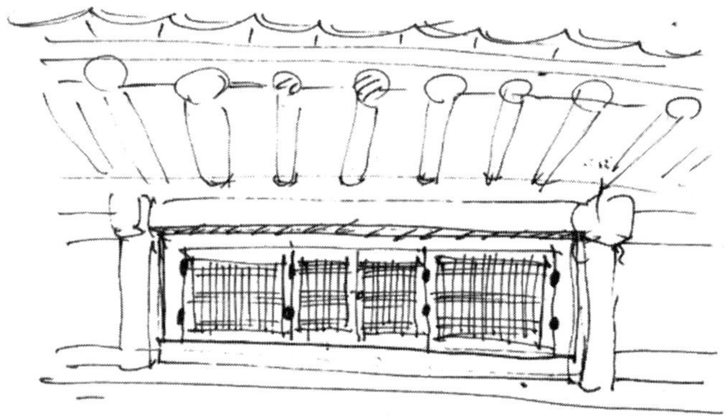

"아이디어란 연필을 빨리 움직이는 것이다." — 버나드 맬러머드

Perspective

투시도 03

- 투시도에 대한 이해
- 투시도를 그리기 위한 지초지식
- 소점은 어떻게 만들어질까?
- 1소점 투시도
- 2소점 투시도
- 3소점 투시도
- 소점의 이동

"1000마디 말보다 한 장의 이미지가 더 가치 있다." (중국격언)

● 투시도에 대한 이해

지금까지 선, 면, 입체에 대해 기술했다. 선과 면은 입체를 표현하기 위한 기본 표현요소이고, 입체는 2차원을 삼차원으로 변화시킨 것이다. 여기에 거리감을 더한 것이 투시도다. 즉, 가까이 있는 것은 크게, 멀리 있는 것은 작게 표현한다. 투시도는 계획된 건축물을 실제 보이는 것처럼 표현하기에 가장 적합한 방법이다. 한쪽 눈을 감고 주변에 있는 책꽂이를 바라보자. 가까이 있는 부분의 높이와 멀리 있는 부분의 높이가 다른 것을 알 수 있다.

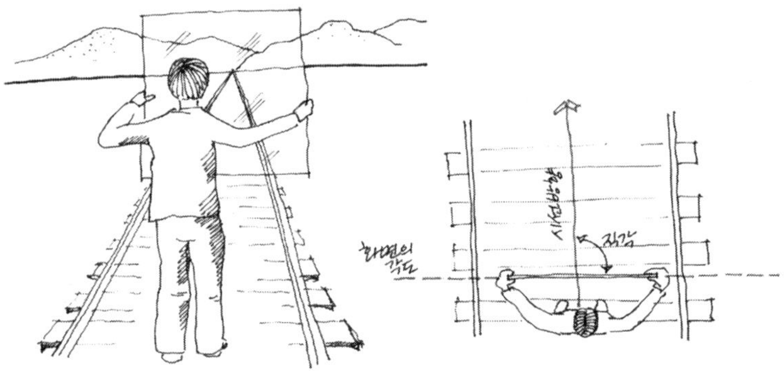

그럼 투시도는 어떻게 그릴 수 있을까? 그리고자 하는 대상 앞에 유리면을 대고, 그 유리면에 비춰진 상을 그린다고 생각하면 된다. 이 유리면이 종이로 바뀐 것뿐이다.

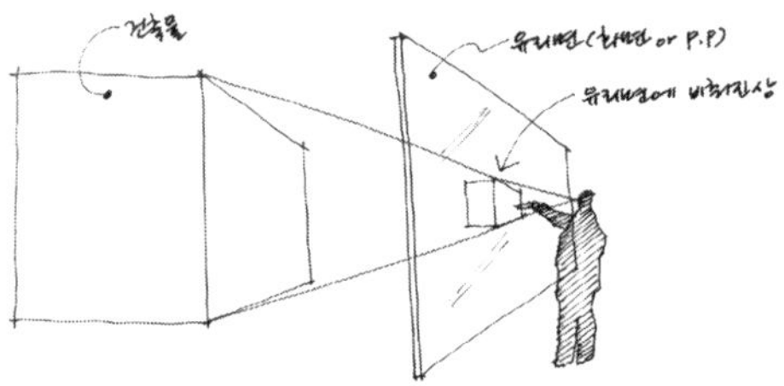

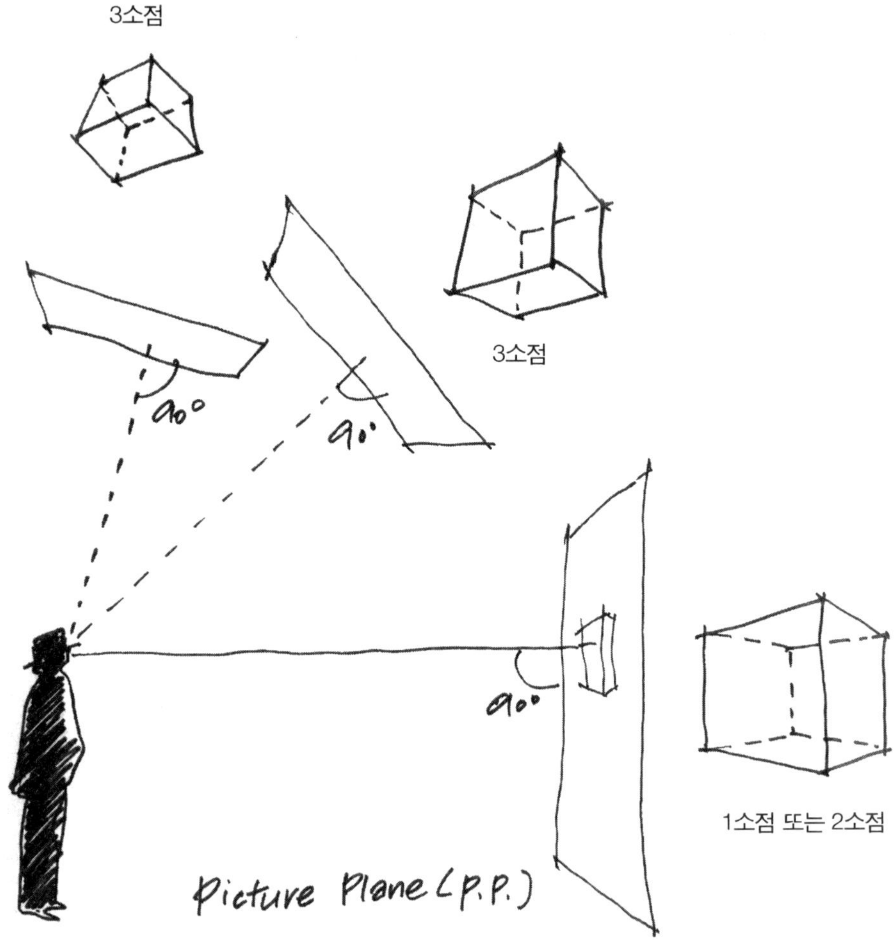

● 투시도를 그리기 위한 기초지식

투시도를 설명하고, 이해하고, 그리기 위해서는 우선 용어에 대해 이해를 해야 된다.

- ◆ 소점(VP: Vanishing Point): 화면과 평행하지 않은 선 즉, 눈으로부터 거리가 다른 선들이 모이는 점으로 눈높이와 동일 선상에 위치한다. 수평선을 떠올리면 좀 더 이해하기 쉽다.
- ◆ 화면(PP: Picture Plane): 그리고자 하는 대상 앞에 세워진 유리면으로 실제 투시도가 그려지는 면이라고 생각하면 된다.
- ◆ 눈높이(EL: Eye Level): 말 그대로 관찰자의 눈높이다. 그리고자 하는 의도에 따라 다양한 눈높이의 설정이 가능하다. 전경을 표현하기 위해서는 건축물보다 높게, 건축물의 형태를 강조하기 위해서는 낮게 설정할 수 있다.
- ◆ 입점(SP: Standing Point): 건축물을 바라보는 위치를 말한다. 건축물과 관찰자의 거리와 수평적인 위치로 나누어진다. 동일한 눈높이라고 하더라도 관찰자의 위치에 따라 다양한 표현이 가능하다.
- ◆ 지표면(GP: Ground Plane): 지면과 화면이 만나는 선으로 건축물을 그리기 위한 기준면이 된다.

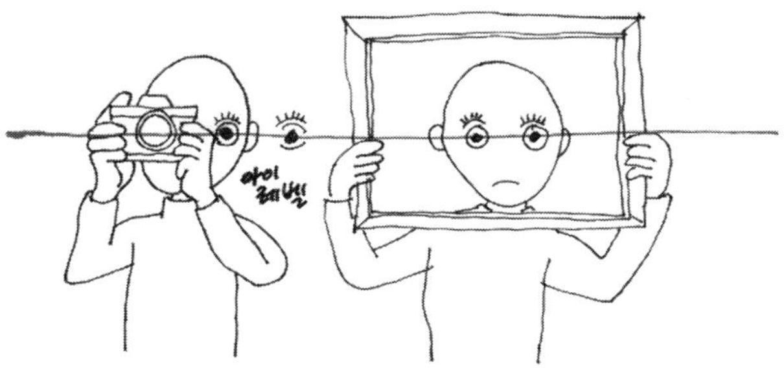

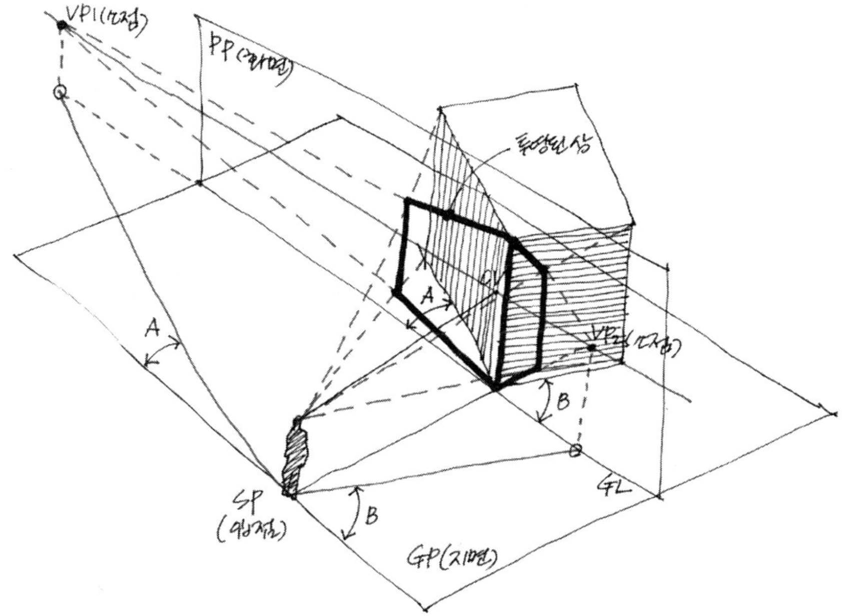

※ 투시도의 형태를 이해하기 위해서는 눈높이와 관찰자위치(입점)의 변화에 따라 건축물이 어떻게 변화하는지 알아야 한다.

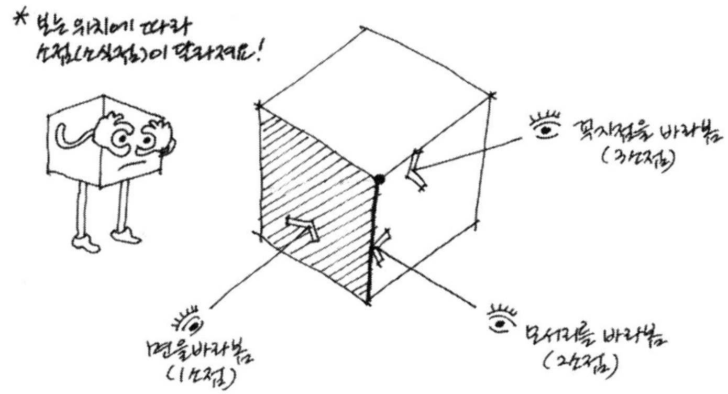

● 소점은 어떻게 만들어질까?

우리가 바다를 바라보면 수평선이 보인다. 이제 엎드려서 바라보자. 또, 건축물 위에 올라가서 바라보자. 바라보는 눈높이가 달라져도 수평선은 내 눈높이와 동일한 위치에 있다. 이 수평선이 눈높이가 되고 바다와 하늘이 이 선에서 만난다. 결국 소점은 눈높이 선상에 있다.

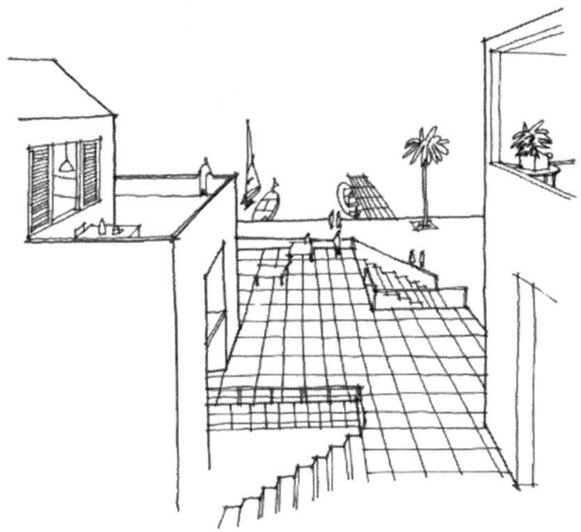

투시도는 거리감을 표현하기 때문에 가까이 있는 것은 크게, 멀리 있는 것은 작게 표현된다. 그러므로 화면과 평행한 요소는 관찰자 위치로부터의 거리가 같기 때문에 크기의 변화가 없다.

육면체를 예를 들면, 3가지 방향의 선 요소를 가지고 있다. 화면과 평행한 요소는 항상 평행하고, 화면과 평행하지 않는 요소는 한 점으로 모인다. 화면과 평행하지 않는 요소의 개수에 따라 소점의 개수가 정해진다.

◆ 1소점

정육면체의 한 면을 화면과 평행하게 배치하고 그리는 투시도다. 즉, X, Y축이 화면과 평행하고 Z축만 거리감이 발생한다. 그러므로 깊이감이 있는 투시도를 작성할 수 있다.

1소점 투시도는 실내투시도, 골목길의 전경 등을 표현할 때 주로 활용한다.

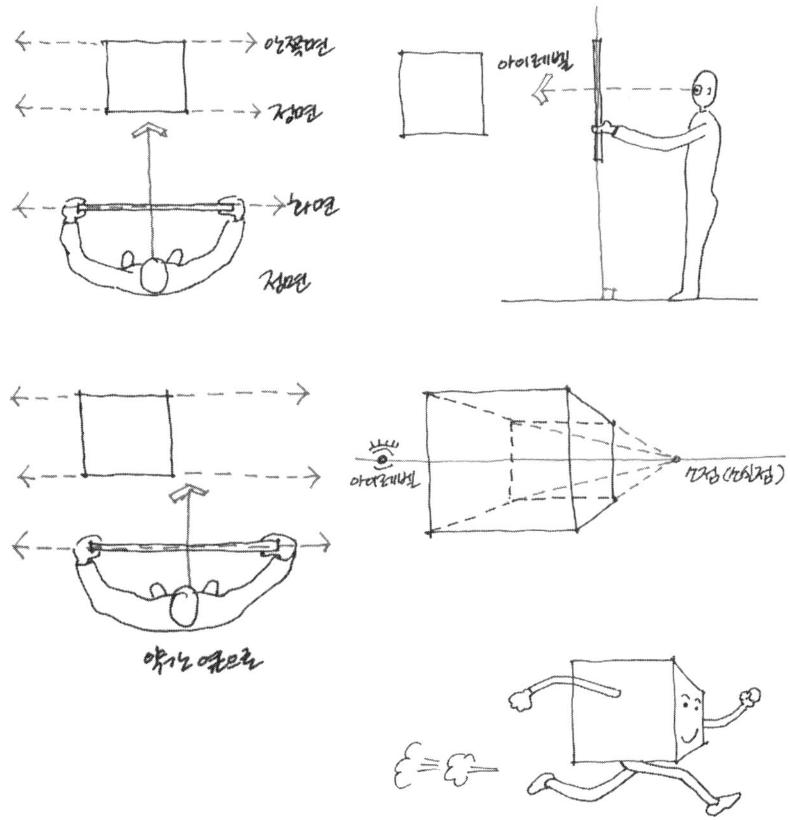

◆ 2소점

정육면체의 한 변을 화면과 평행하게 배치하고 그리는 투시도다. 즉, Y축만 화면과 평행하고 X, Y축의 거리감이 생긴다. 그러므로 2개의 소점이 발생하고 수평적인 거리감이 발생한다.

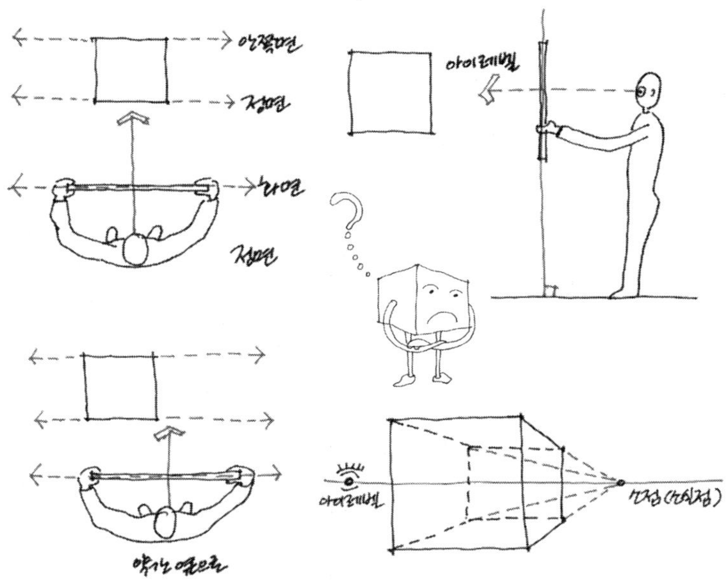

※ 2소점 투시도는 건물과관 투시도를 그릴 때 가장 많이 사용한다.

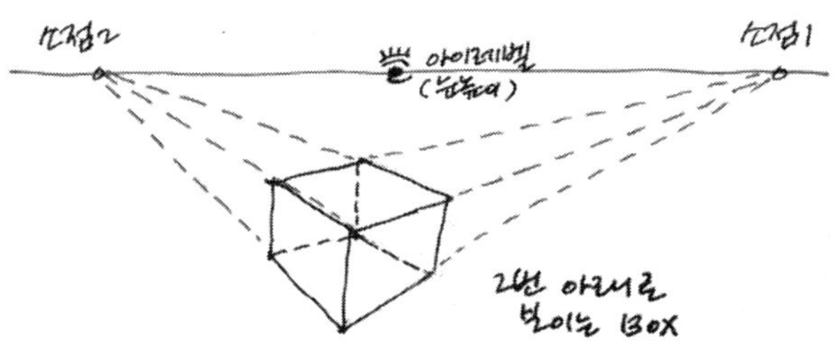

◆3소점

정육면체의 모서리를 화면과 일치시키고 그리는 투시도로, 화면과 일치하는 선의 요소가 없다. 그러므로 X축, Y축, Z축으로 선들이 모이게 되고 3개의 소점이 발생한다. 3소점 투시도가 가장 눈에 보이는 것과 비슷하게 표현되는 투시도가 된다.

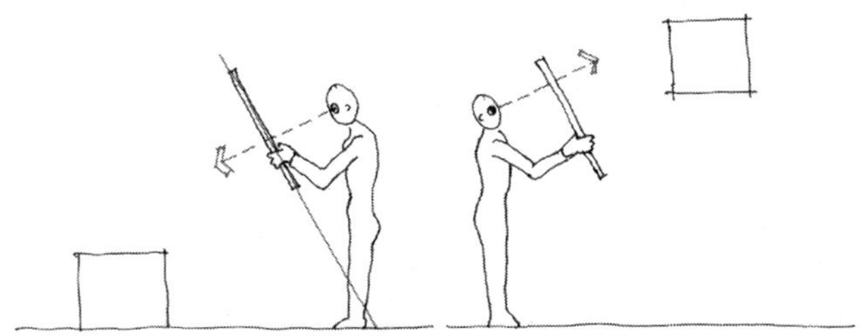

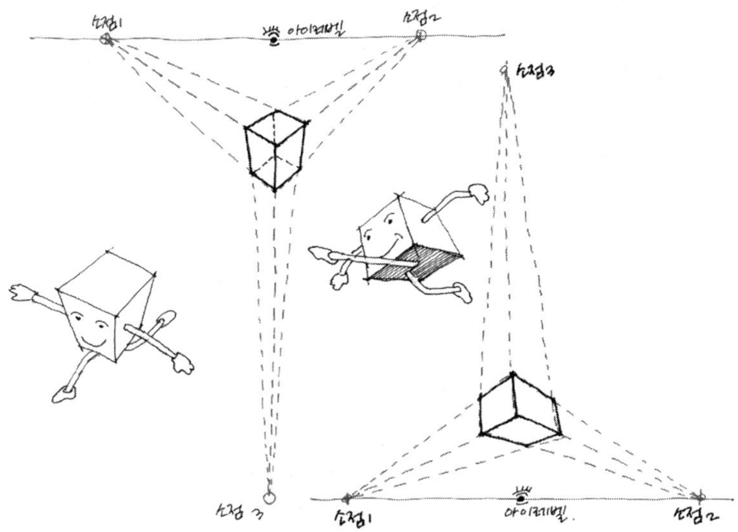

소점에 대해 이해했다면 아래의 그림에서 소점의 위치를 파악해보자. 소점에 대한 이해가 빠를수록 스케치가 훨씬 쉬워지고 어색하게 보이지 않을 것이다. 잡지나 책의 그림을 보고 소점을 한번 생각해보는 것도 좋은 훈련이 될 것이다.

◆ 눈의 위치에 따라 달라지는 투시도

건축물을 바라보는 시점에 따라 형태가 다양하게 변화한다. 이 형태를 미리 예측할 수 있다면 원하는 투시도를 그릴 수 있고 투시도의 형태를 이해하기 위해서는 투시도의 기본 원리를 알아야 한다.

2소점 투시도를 기준으로 투시도를 작성하기 위해서는 용어정리에서 언급한 2개의 수평선이 필요하다. 화면과 지표면을 우선 그리자. 이때, 두 선의 간격은 건물 높이의 2배 정도가 적당하다.

화면과 지표면을 그리고 나면 평면도와 입면도를 배치한다. 평면도는 화면에 면하게 배치하고, 입면도는 지표면에 맞추어 배치한다. 이때, 평면도를 어떻게 배치하느냐에 따라 투시도의 형태가 바뀐다. 화면과 건축물을 평행하게 배치하면 1소점 투시도가 되고, 화면과 건물과의 각도가 작을수록 투시도의 면이 넓어지면서 거리감이 줄어들고, 화면과 건물과의 각도가 커질수록 투시도의 면이 줄어들면서 거리감이 커진다. 일반적으로 정면과 화면과의 각도는 30도 정도로 계획한다. 각도에 따라 투시도가 어떻게 변화하는지 살펴보자.

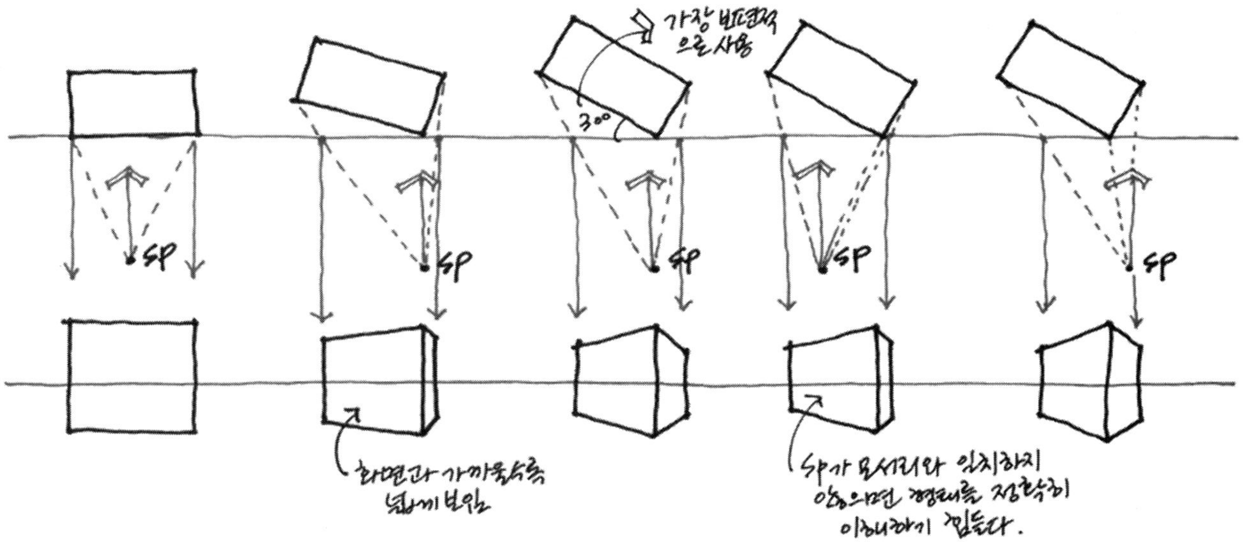

평면도와 입면도의 배치가 끝나면 이제 눈높이를 정한다. 건축물의 규모, 그리고자 하는 의도에 맞추어 눈높이를 정하게 되는데 눈높이를 낮추게 되면 임팩트가 강해지고, 눈높이를 건물 높이보다 높게 잡으면 건축물의 지붕이 보이게 된다. 눈높이에 따라 형태가 어떻게 달라지는지 알아보자.

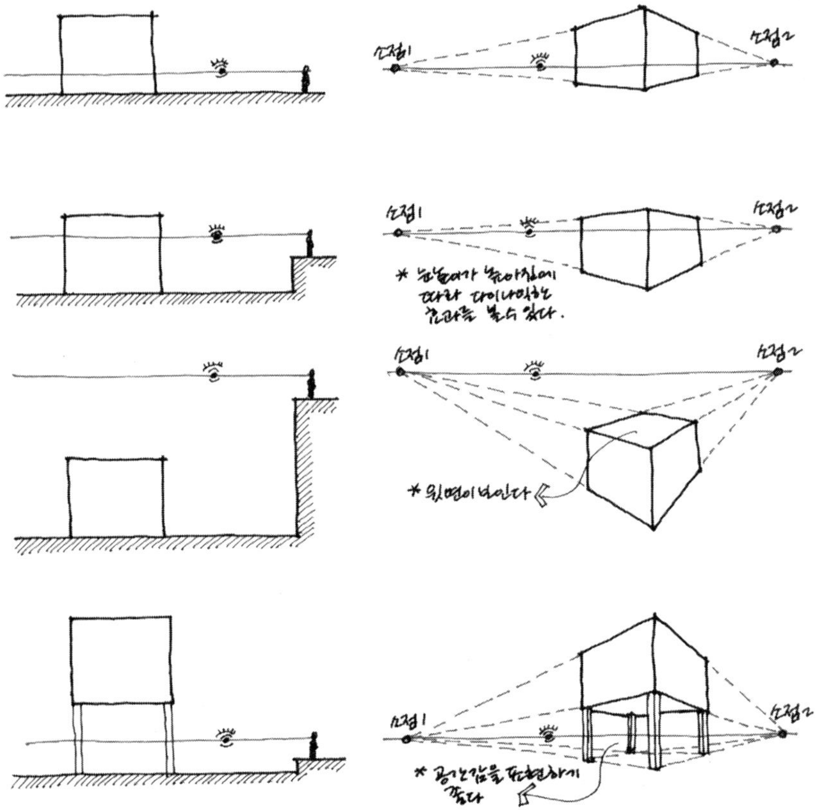

눈높이가 결정되면 이제 입점의 위치를 결정한다. 입점의 위치에 따라 소점의 위치가 바뀌므로 입점은 투시도의 형태를 결정하는 중요한 요소 중에 하나다. 소점은 입점에서 평면도를 배치한 각도와 동일한 각도로 화면까지 긋고, 화면과 만나는 점에서 다시 수직으로 눈높이까지 내리면 그 점이 소점이 된다. 그러므로 입점이 멀어지면 소점도 멀어지고, 입점이 가까우면 소점도 가까워진다. 이 소점의 위치에 따라 형태가 바뀌므로 입점의 위치선택이 중요하다. 예를 들어 멀리서 망원렌즈로 건축물을 찍을 때와 가까이서 광각렌즈로 건축물을 찍을 때와의 차이로 보면 된다. 망원렌즈로 건축물을 찍을 때는 건축물의 크기변화가 적지만, 광각렌즈로 찍을 때는 크기의 변화가 크다. 그러므로 입점과 화면의 거리가 가까울수록 극적인 효과를 볼 수 있다.

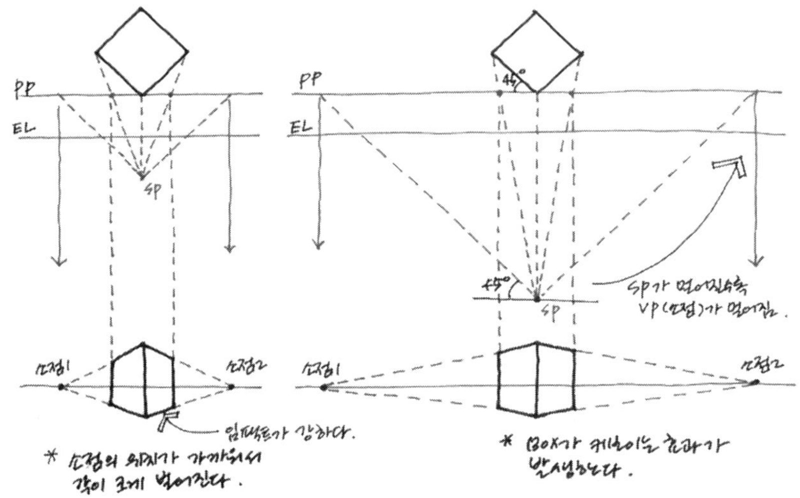

화면과 입점과의 거리에 따라서 형태가 변화하기도 하지만, 입점의 수평적 위치에 따라서도 형태는 변화한다. 모서리와 입점을 일치시키는 것이 일반적인 투시도 작성법이지만 특정 면을 강조하기 위해서 입점을 이동하기도 한다.

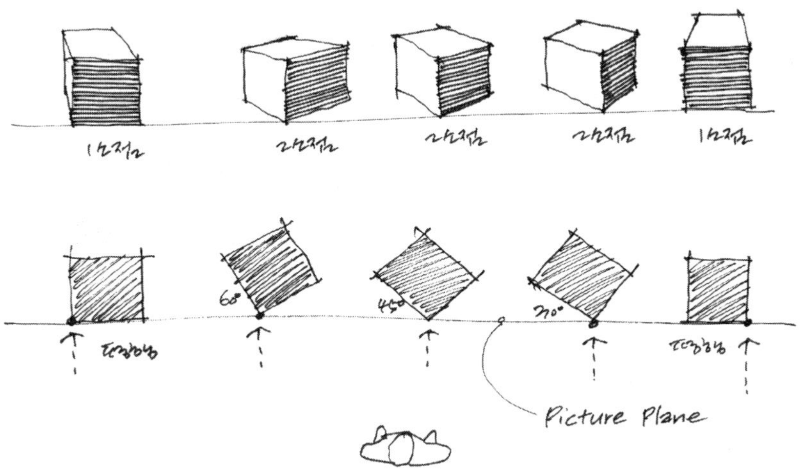

그림을 살펴보면 입점의 수평이동은 화면과 건축물의 각도변화와 비슷한 효과가 있다. 하지만, 입점의 수평이동은 입점으로부터 소점까지의 거리는 변화하지 않기 때문에 매스의 거리감은 동일하게 하고 특정 면을 강조할 때 사용할 수 있다. 그럼 건축물의 각도변화와 입점의 위치변화에 의한 형태를 비교해 보자.

지금까지 평면의 각도, 눈의 높이, 입점의 위치에 따른 형태변화를 알아봤다. 그럼 눈의 위치에 대한 변화를 한눈에 볼 수 있도록 건축물을 고정시키고 눈의 위치를 변화시켜 투시도를 그려보았다. 위치에 따른 형태를 정확히 이해했는지 확인하고, 위치에 따라 어떤 투시도가 그려지는지 알아두자.

◆ 투시도의 원칙

투시도를 제대로 그리기 위해서는 기본적인 원칙을 지켜야 한다. 실제로 우리가 사물을 볼 때(아래를 보거나 위를 올려보는 것은 제외하면) 거의 수직선은 수직을 인지한다. 이 원칙을 지키지 않으면 뭔가 어색한 투시도가 되어있다.

첫 번째, 소점은 항상 건축물의 뒤에 있어야 한다. 당연한 이야기다. 바라보는 시점은 그려진 투시도를 바라보는 눈의 위치와 같기 때문에 소점의 위치는 시점에서 먼 곳 즉, 대상의 뒤편에 위치하게 된다.

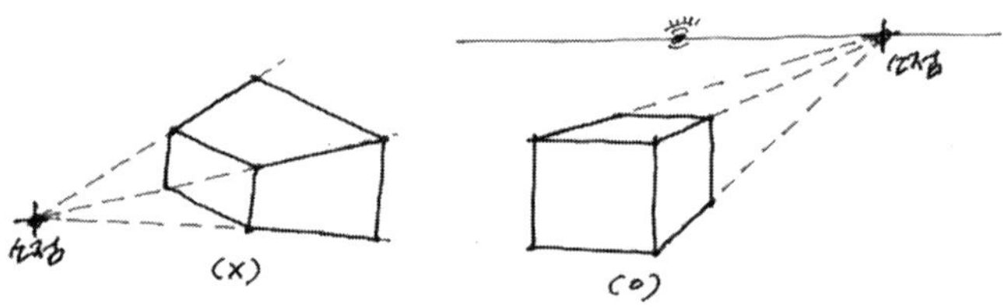

세 번째는 소점의 위치다. 2소점 투시도의 경우 소점은 수평선상에 있어야 된다. 수평선이 기울어진 것을 본적이 있는가? 3소점의 경우에는 2개의 소점은 수평선상에 나머지 하나의 소점은 입점과 동일선상에 존재한다.

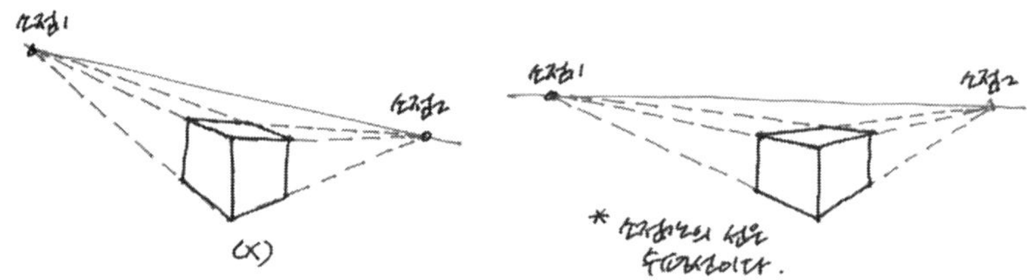

두 번째, 화면과 평행한 요소는 항상 동일한 방향성을 가진다. 즉, 1소점 투시도에서 건축물의 수평, 수직선은 투시도에서도 수평, 수직선으로 표현되고, 2소점 투시도에서 수직선은 투시도에서도 수직선으로 표현된다. 당연히 3소점에서는 화면과 평행한 요소가 없기 때문에 모든 선들이 소점으로 향하게 된다.

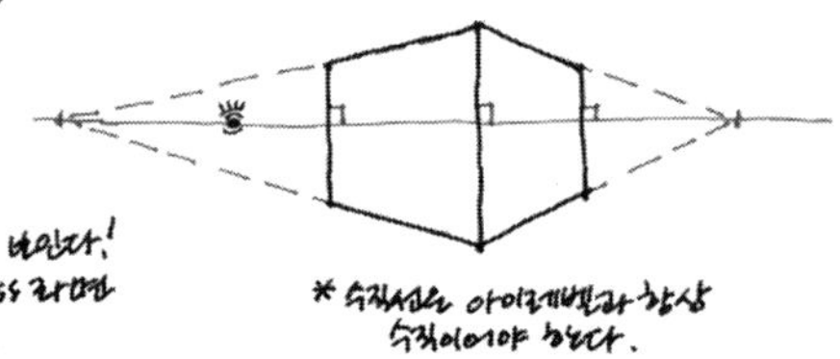

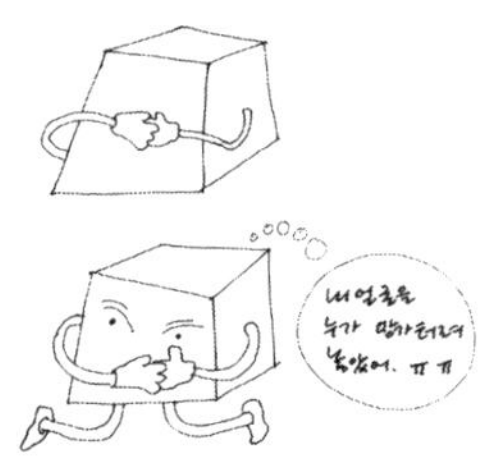

마지막으로 화면과 평행하지 않은 선들은 모두 소점으로 모인다. 앞서 이야기 했듯이 화면과 평행하지 않은 선들은 거리감이 발생하기 때문에 멀어질수록 작아지면서 결국 소점으로 모인다.

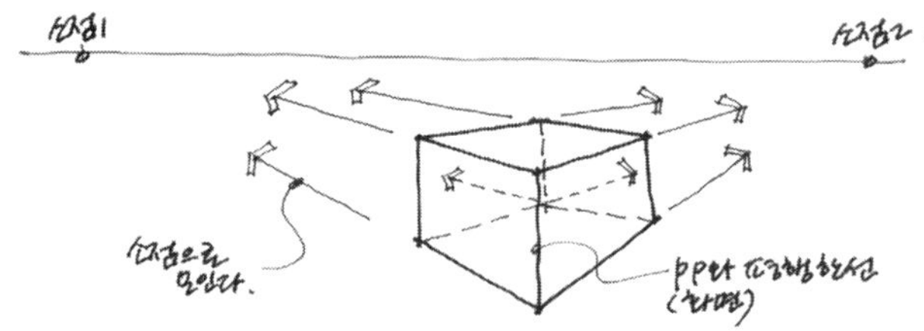

◆ 매스(mass)를 나누고 또 추가해보자!

이제 정육면체나 직육면체를 투시도로 그릴 수 있을 것이다. 본격적으로 투시도 작성법을 배우기 전에 매스를 나누고, 추가하는 방법을 알아보자. 우리가 그리는 투시도는 정육면체를 그리는 것이 아니다. 다양한 형태의 건축물을 투시도로 표현하기 위해서는 형태 변화에 대응할 수 있도록 매스를 분할하거나 매스를 추가하는 작업이 필요하다. 예를 들어 건축물의 옥탑을 그린다고 생각해보자. 4층 규모의 건축물에 1/4 크기의 옥탑이 있는 투시도를 그린다고 한다면, 먼저 5층 규모로 작성해서 매스를 분할하여 옥탑을 표현하는 방법과 4층 규모의 투시도를 완성해서 1/4 규모의 옥탑을 추가하는 방법이 있을 것이다.

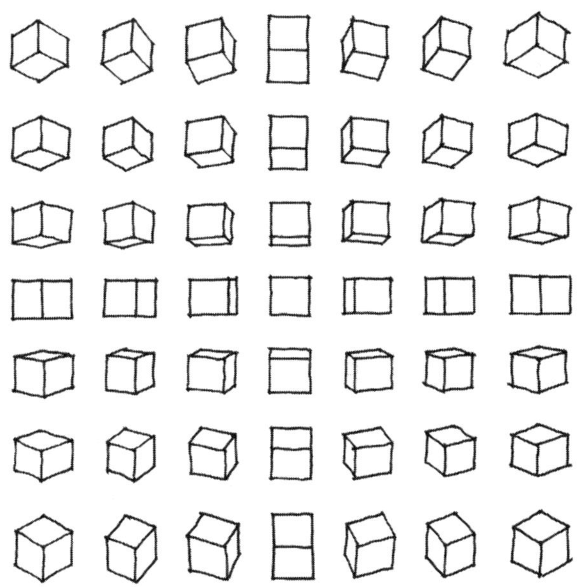

다음으로 매스를 분할해보자. 기본적인 분할 방법은 앞서 설명을 했다. 투시도에서의 분할은 2가지로 나누는데, 2소점 투시도를 기준으로 수직분할과 수평분할이다. 수직분할은 층을 나누는데 사용할 수 있는데, 층높이는 동일하기 때문에 눈대중으로 분할 가능하다. 수평분할은 기둥간격, 창문의 크기 등을 나눌 때 사용할 수 있다. 수평으로는 멀어질수록 폭이 달라지기 때문에 등분법을 활용하는 것이 일반적이다. 먼저 수직분할은 단순히 높이를 분할하는 것 뿐 만 아니라 소점이 멀리 있는 경우 면을 분할할 때도 활용 가능하다. 소점을 적용 가능한 경우에는 기준 높이를 눈대중으로 분할하여 그 점과 소점을 연결하면 매스의 분할이 가능하다.

만일 소점이 멀리 있는 경우에는 소점과 등분한 점을 연결할 수 없다. 이때는 양측 면을 등분하여 그 두선을 연결하면 소점을 연결하는 효과를 볼 수 있다.

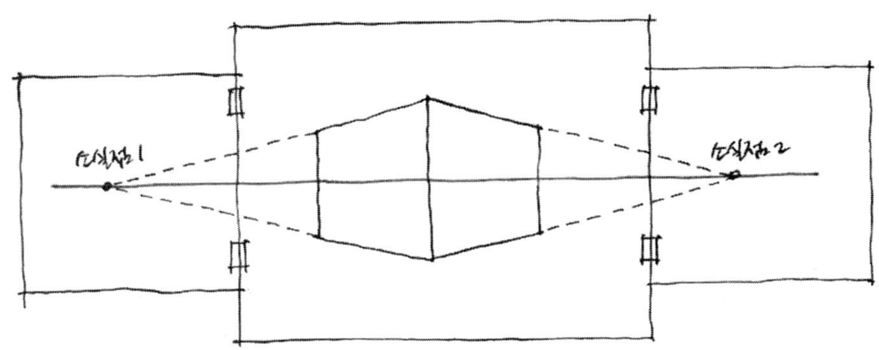

수직 분할에 대해 이해했다면 아래 건물을 6층 건물로 만들어 보자.

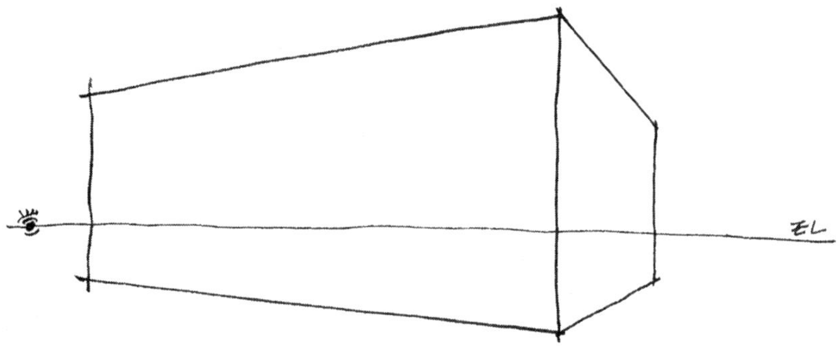

이번에는 수평분할을 해보자.

앞서 배웠던 대각선을 활용한 등분법을 활용하면 된다.

자, 그럼 아래 창문을 2, 3, 4, 6 분할을 해보자.

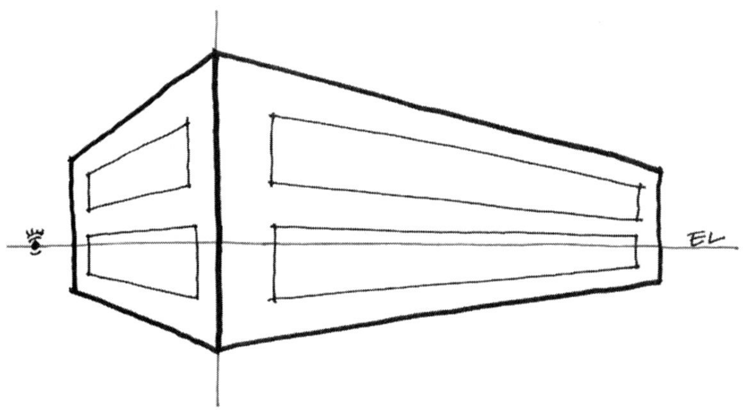

좀 번거롭기는 하지만 충분히 할 수 있다. 하지만 등분법으로 분할을 하게 되면 흔적이 많이 남고, 그리고 시간이 많이 걸린다. 빠르고, 간단하게 할 수 있는 방법은 없을까? 바로 수직 분할선을 활용하는 방법과 눈대중을 이용하는 방법이 있다. 먼저 수직분할을 이용하는 방법은 수직분할 된 매스에 필요한 개수만큼의 대각선을 활용하는 방법이다.

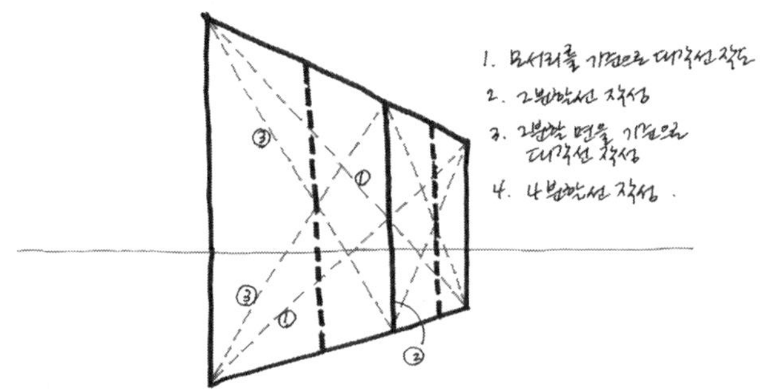

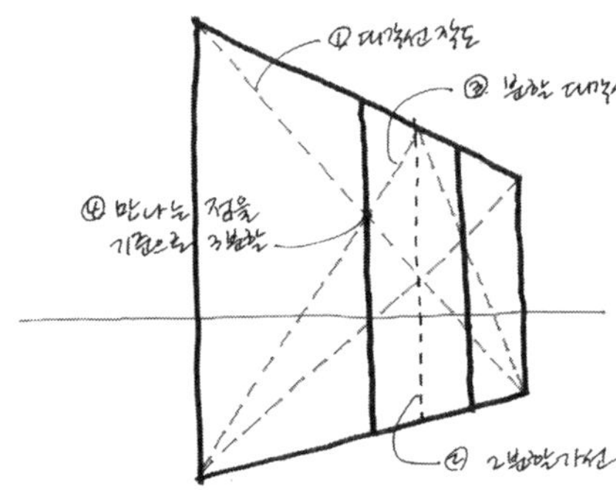

※ 눈대중으로도 분할을 해보라!

-모서리와 모서리를 눈으로 가상의 선을 긋고 만나는 지점에 점을 찍어 가면서 분할을 해본다.

눈대중으로 면을 분할해 보자. 처음엔 상당히 어렵게 느낄 수 있지만 중요한 포인트는 면의 중심 기준점을 정하는 것이다. 예를 들어 면을 4등분 한다면 우선 중심점에서 소점 쪽으로 살짝 이동해서 중심점을 잡는다. 투시도에서는 멀어질수록 작아지기 때문이다. 이제 먼 쪽에 있는 면을 기준으로 2등분한다. 마찬가지로 먼 쪽의 면이 조금 작게 잡으면 된다. 마지막으로 큰면을 동일하게 분할하면 된다. 이때, 주의해야 될 것은 먼 쪽 면보다 가까운 쪽 면이 작아져서는 안 된다.

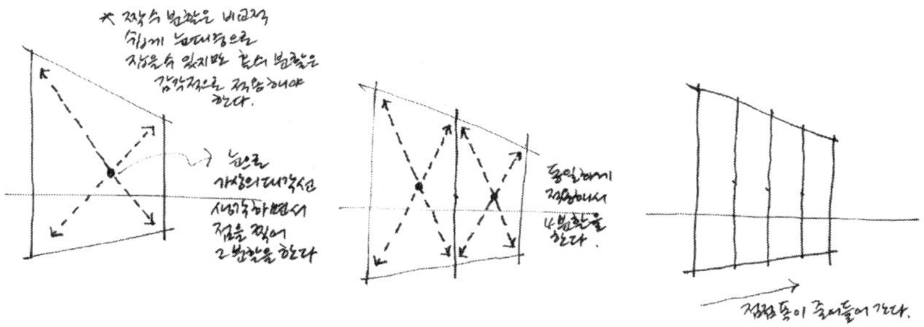

본인의 스케일 감을 등분법으로 확인해보자. 어느 부분에서 오차가 많은지 확인한다. 눈대중으로 분할하고, 등분법을 활용해서 확인하는 작업을 반복하면 스케일감이 좋아질 수 있다. 아래의 매스를 2, 3, 4, 5, 6등분 해보자. 그리고 확인하자!

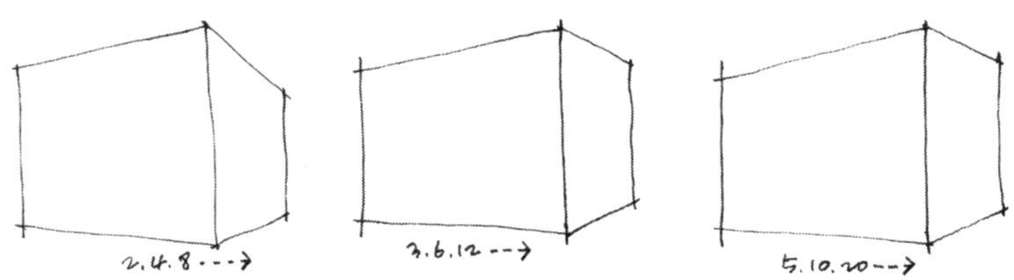

자신이 생겼다면 이제 매스를 추가해보자. 추가하는 방법은 대각선을 활용한다. 동일한 매스를 추가하기 위해서는 먼저 매스의 중심선을 긋고 아래쪽 모서리와 중심점을 지나는 대각선을 그리면 된다. 이 대각선과 위쪽면의 연장선이 만나는 점을 찾아 이 점에서 수직으로 그리면 동일한 크기의 매스를 추가할 수 있다.

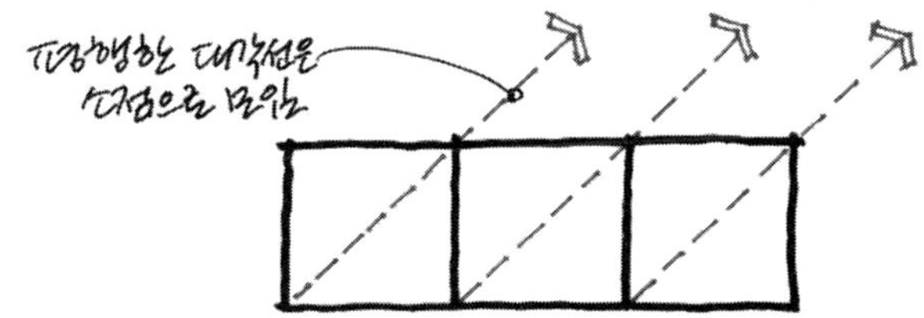

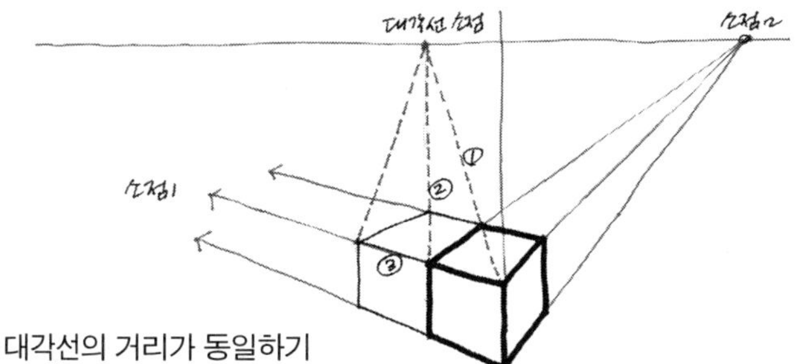

이것은 대각선의 거리가 동일하기 문에 가능하다. 그럼 투시도에 적용해 보자.

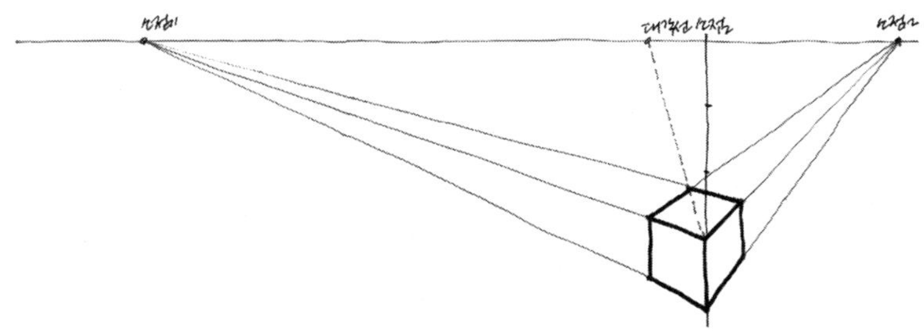

● 1소점 투시도

지금까지 투시도의 개념, 형태변화, 매스 분할과 추가에 대해 알아봤다. 이제 투시도를 그리는 정확한 방법론에 대해 살펴보자. 하지만 방법론은 말 그대로 방법론일 뿐이다. 투시도는 외워서 그리는 것이 아니라 이해를 하고 그려야 된다. 앞서 이야기했던 내용에 대한 이해가 훨씬 중요하다.

1소점 투시도는 소점이 하나만 존재하는 투시도로 대상의 면이 화면과 일치하도록 하고 그리는 투시도다. 그래서 깊이감만 발생하게 되므로 다른 투시도보다 훨씬 임팩트가 강한 형태를 가지게 된다.

- ◆ 실내투시도
- ◆ 벽면을 화면과 일치시키고 작성
- ◆ 눈높이는 보통 1.5m 정도로 계획
- ◆ 내부를 300mm 또는 500mm의 그리드를 작성한 후 작성
- ◆ 외관투시도
- ◆ 하늘에서 바라본 모습을 표현하여 거리감을 극대화할 때 활용
- ◆ 골목 등의 깊이감 있는 표현이 필요한 경우 활용

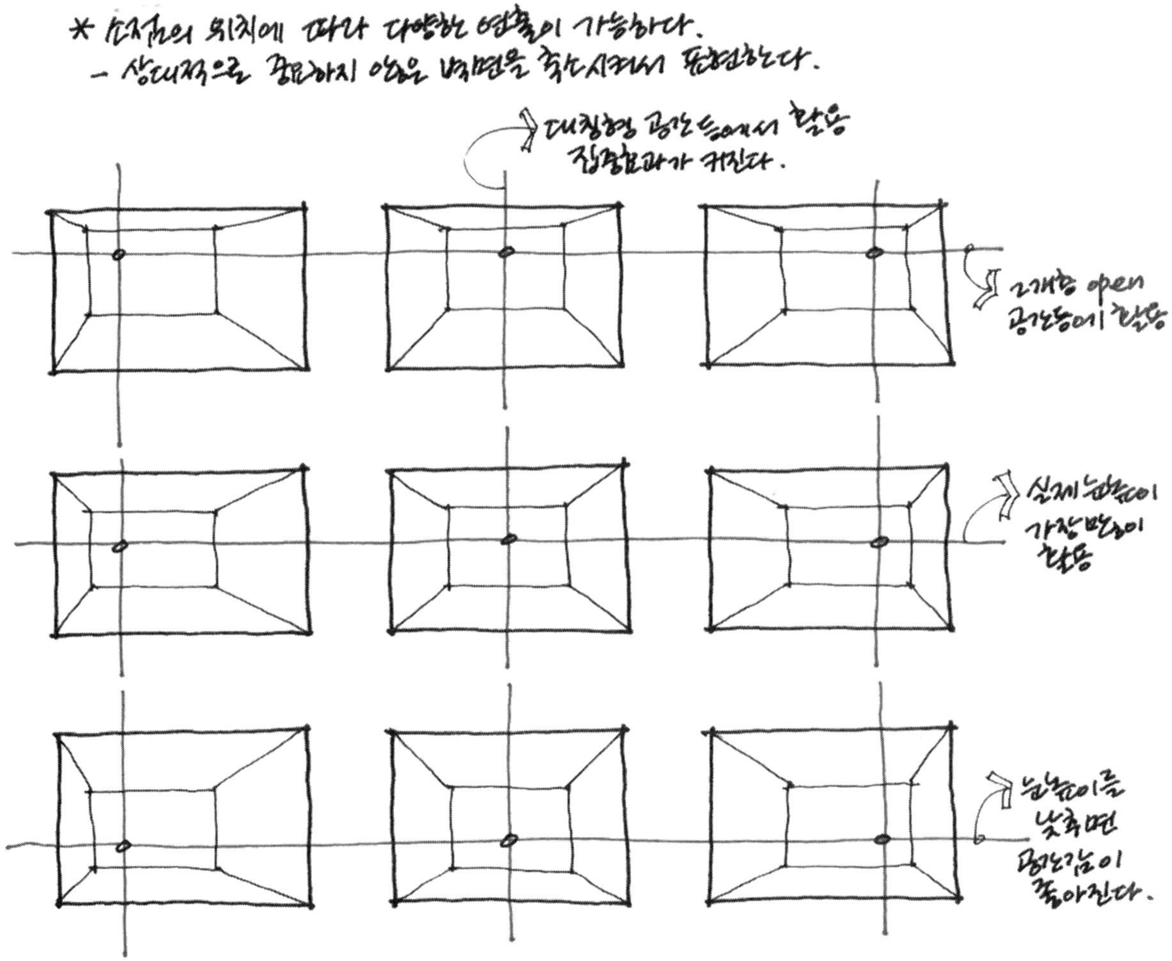

◆ 1소점 투시도 작성법

① 투시도의 크기결정

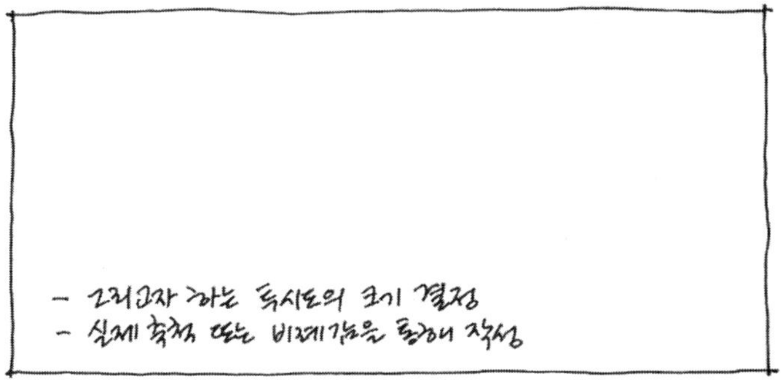

② EL, VP 결정

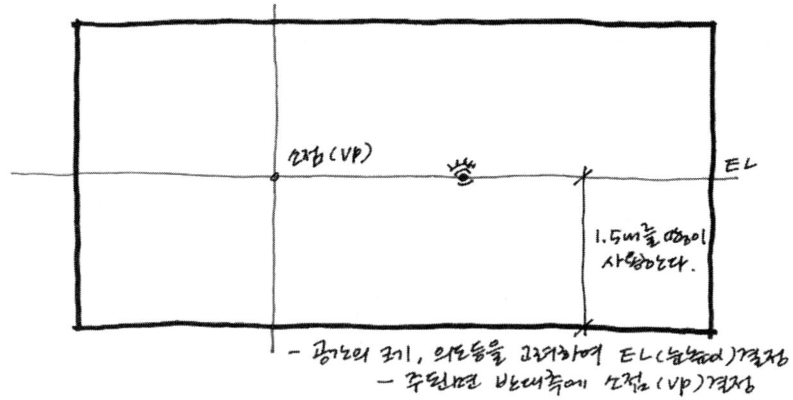

③ 정면의 벽체크기 결정

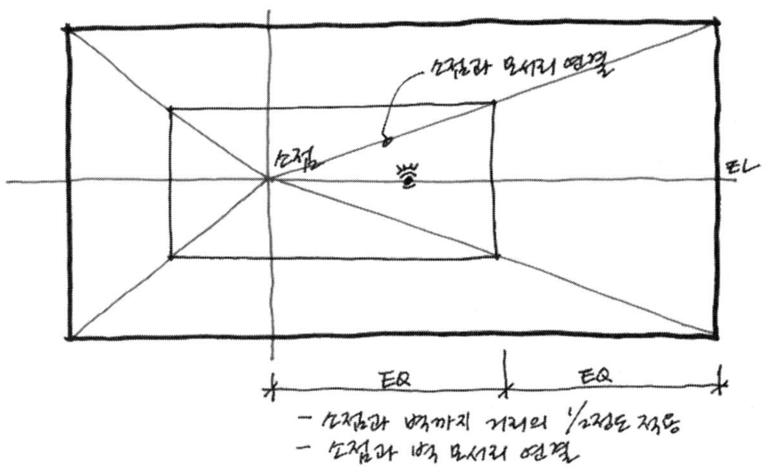

④ 정면 벽체 그리드 작성

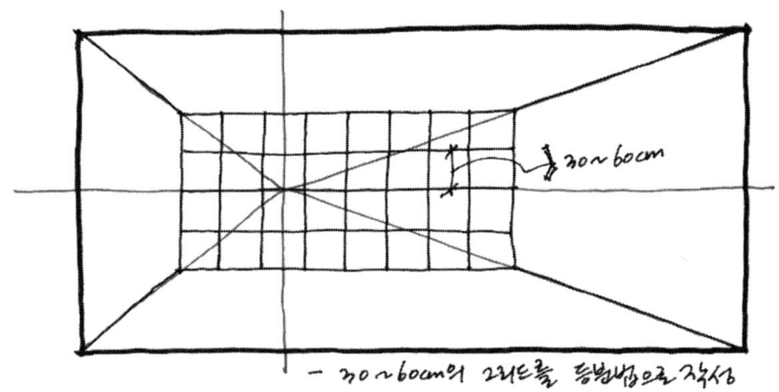

⑤ 측면 그리드 작성

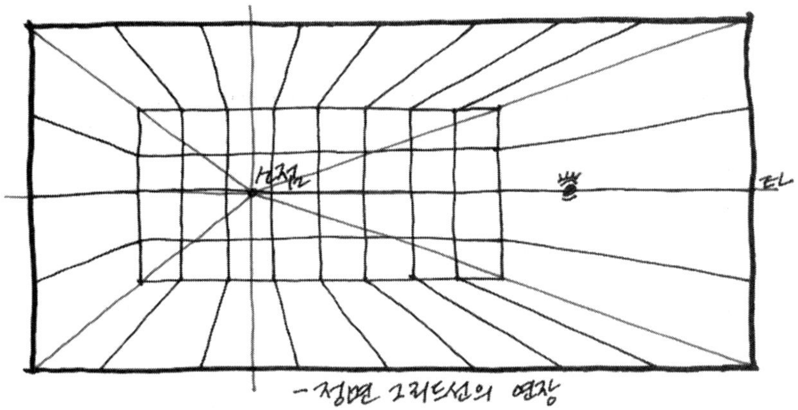

⑥ 그리드 완성

–대각선을 활용하여 그리드 완성

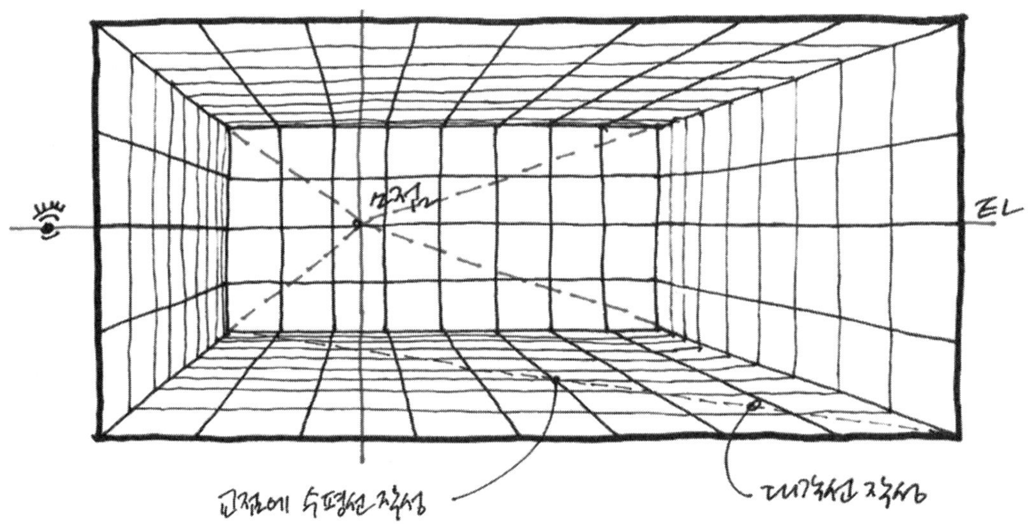

◆ 1소점 투시도 연습하기

본격적인 투시도 작성에 들어가기 전에 간단한 소품을 이용해 투시도를 그려 보면서 형태변화를 알아보자. 아래 평면과 입면을 기준으로 1소점 투시도를 작성해보자.

◆ 1소점 내부 투시도 그려보기

제시된 평면도의 1소점 투시도를 주어진 그리드 위에 작성해보자. 앞서 연습 것을 바탕으로 크기만 체크하면 쉽게 그릴 수 있을 것이다.

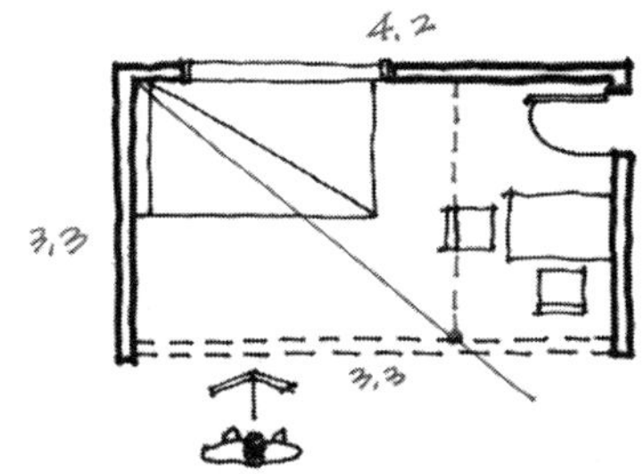

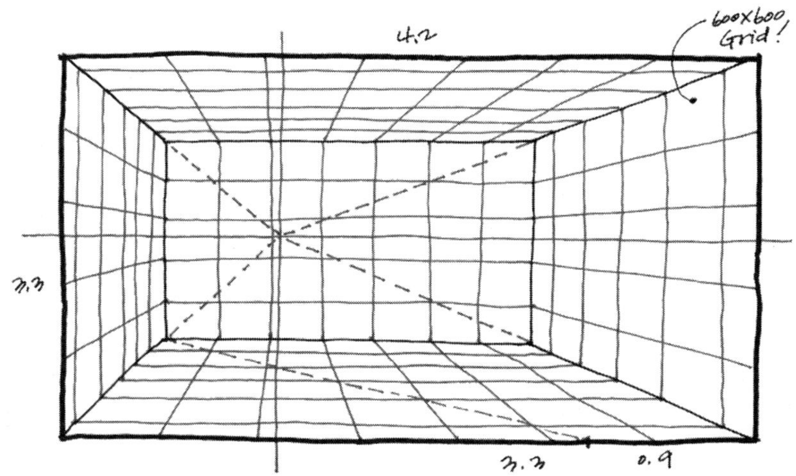

◆ 1소점 외부 투시도 그려보기

이제 밖으로 나가보자. 주어진 사진을 보고 소점의 위치를 확인하고, 투시도를 그려보자.

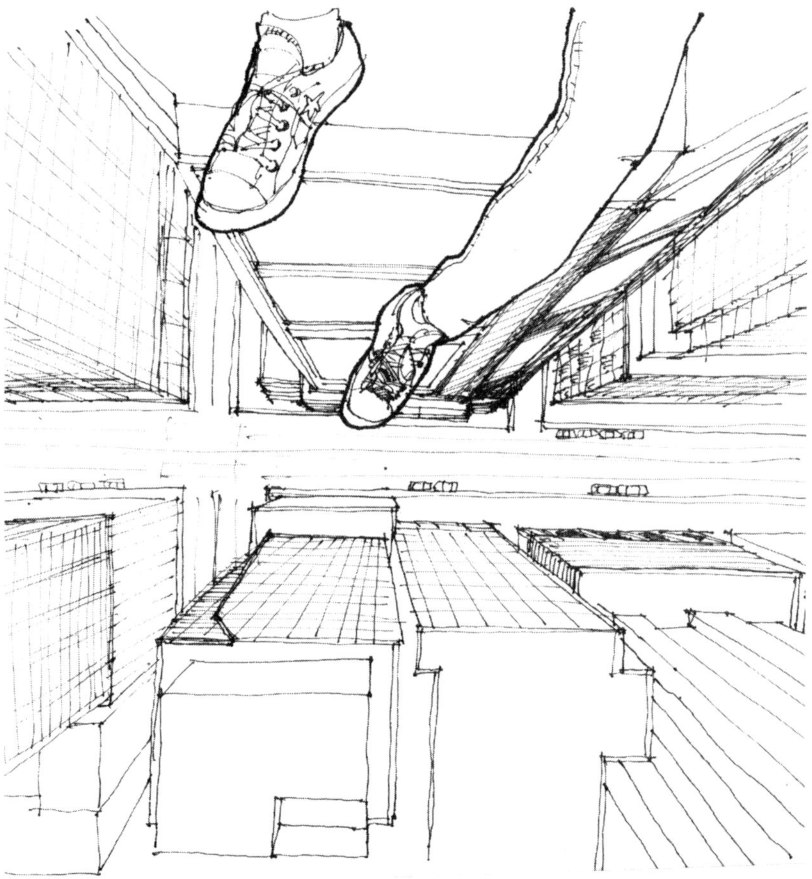

● 2소점 투시도

소점 투시도는 대상의 모서리를 화면과 일치시키고 작성하는 투시도로 일반적으로 외관투시도에 많이 활용된다.

- ◆ 실내투시도
- ◆ 벽면의 모서리를 화면과 일치시키고 작성
- ◆ 계단, 개구부 등 공간감을 표현할 경우 많이 활용
- ◆ 내부를 300mm 또는 500mm의 그리드를 작성한 후 작성
- ◆ 외관투시도
- ◆ 눈높이에 따라 일반형과 조감형으로 구분
- ◆ 가장 많이 활용하는 투시도 형식

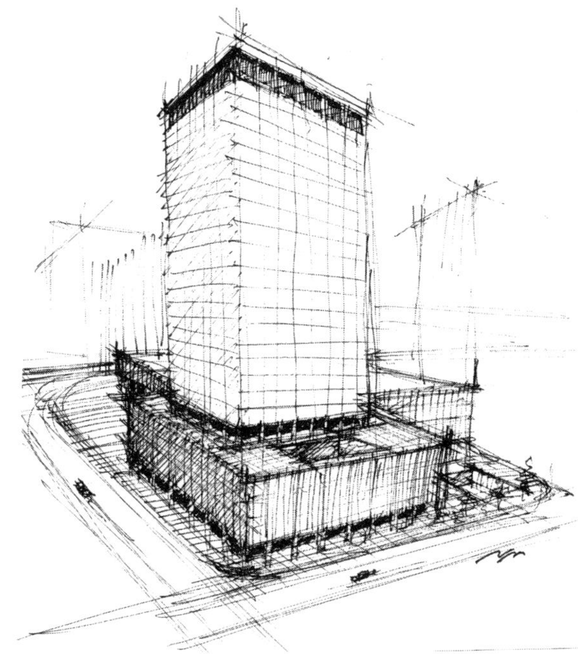

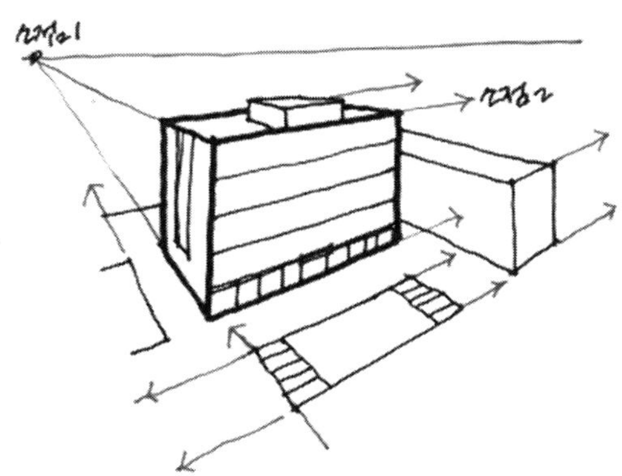

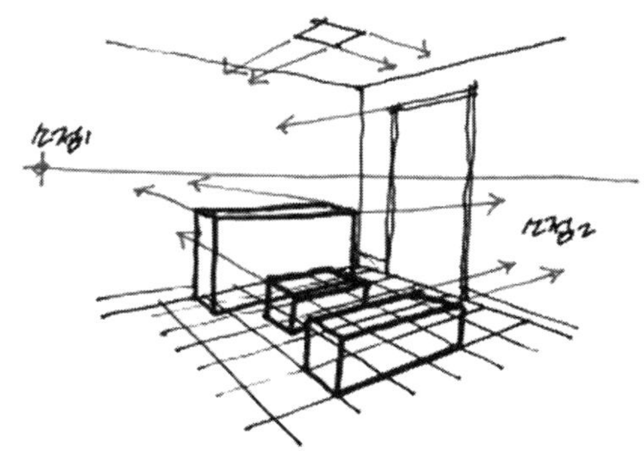

◆ 2소점 투시도 작성법

① EL, PP, GL, CP 결정

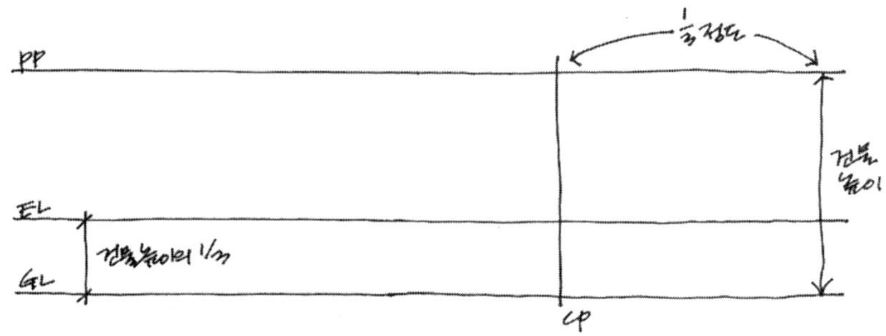

② 소점(VP)결정-입면길이의 1.5배 정도

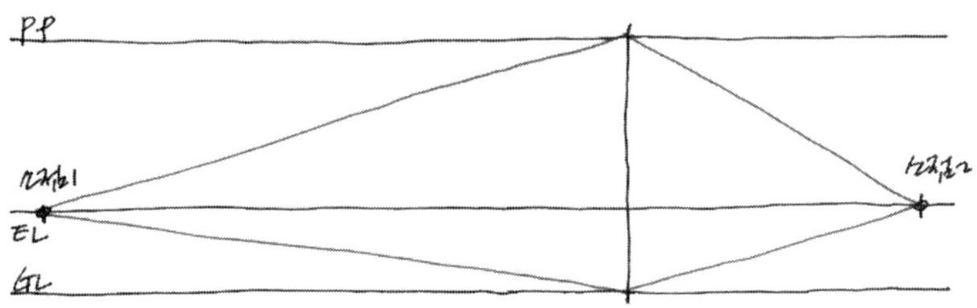

③ 건물길이의 결정

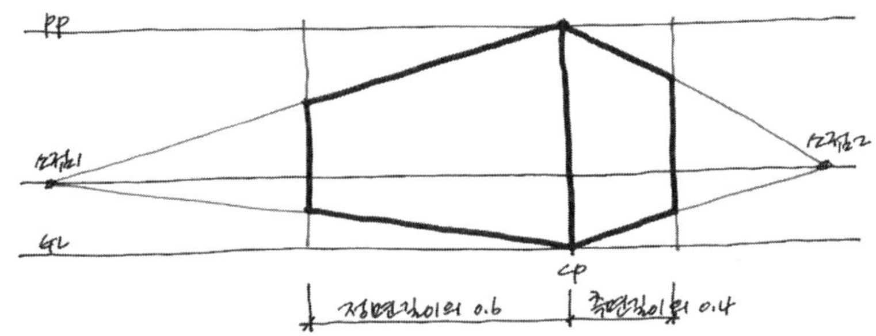

④ 면의 분할 적용

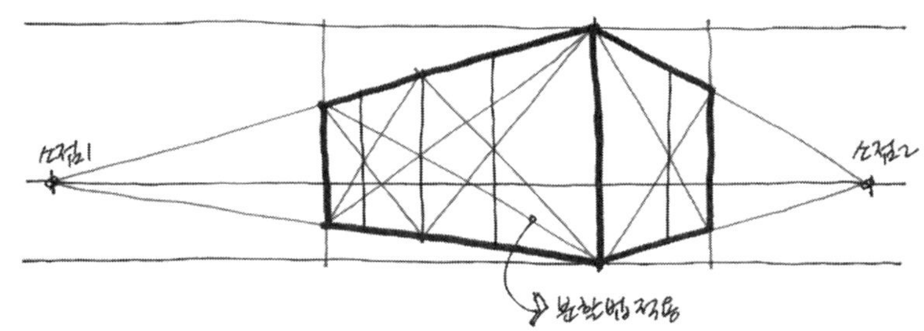

⑤ 층적용 및 MASS 완성

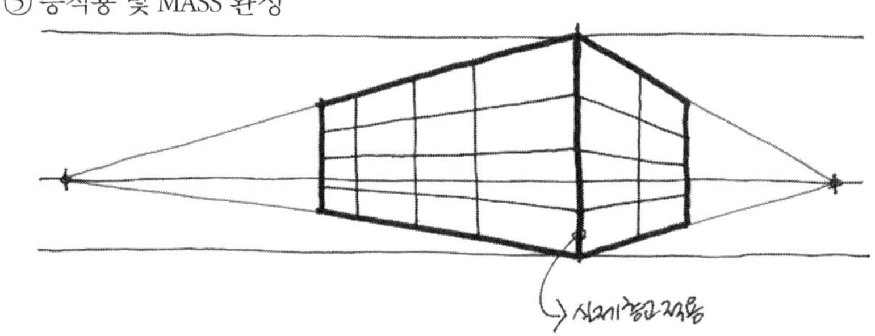

◆ 2소점 투시도 작성법

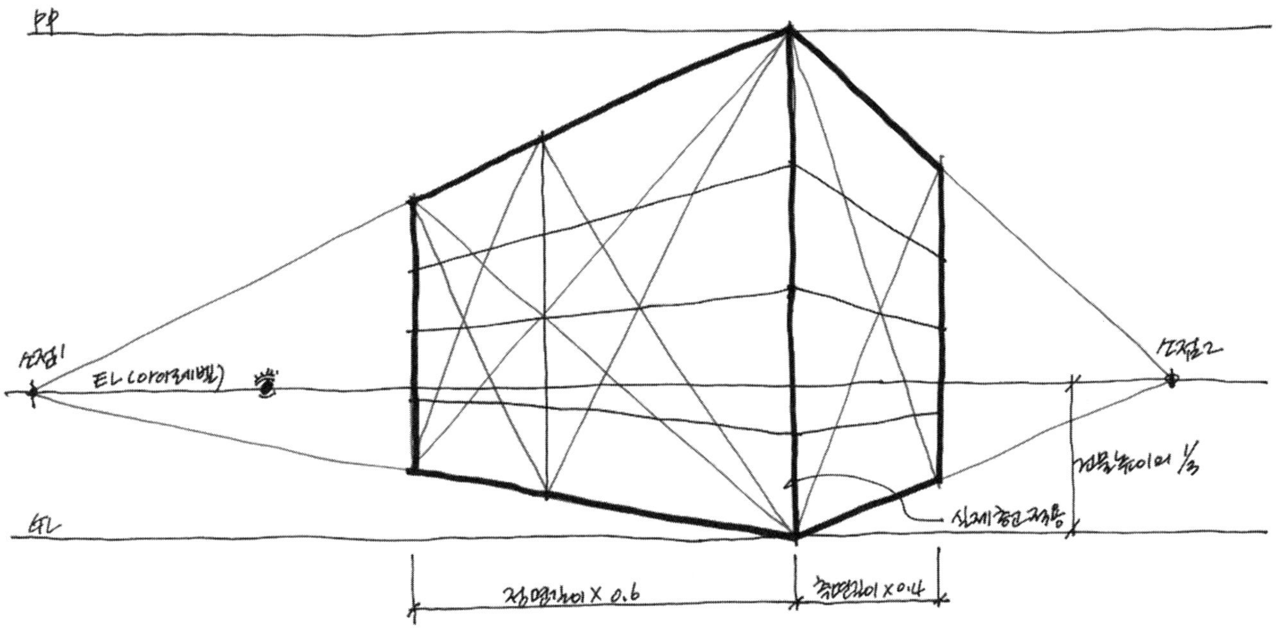

◆ 2소점 투시도 연습하기

아래 평면과 입면을 기준으로 2소점 투시도를 작성해보자.

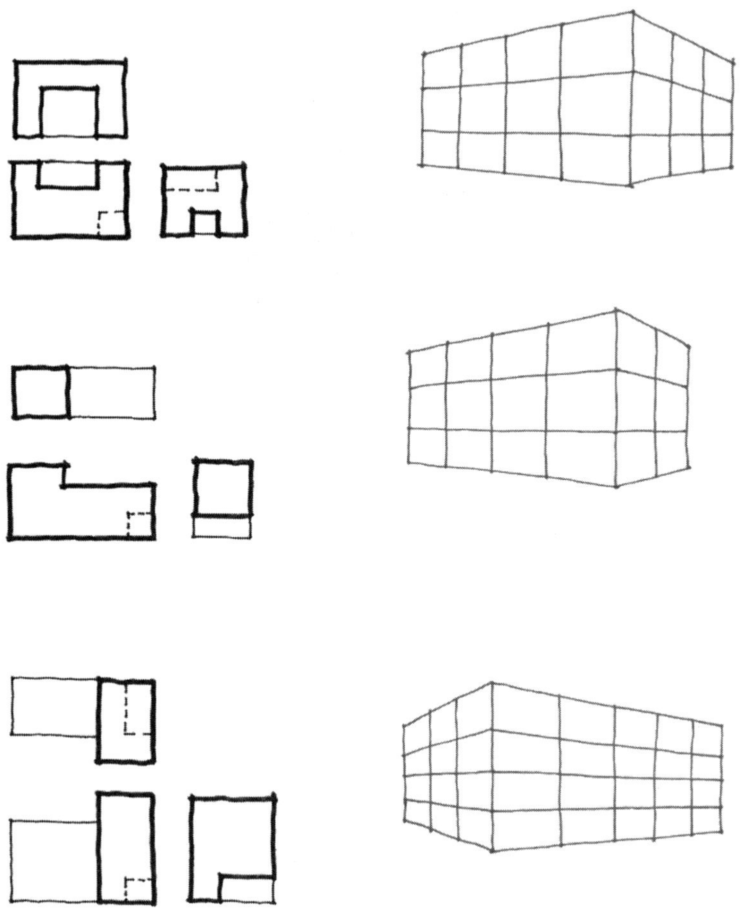

◆ 2소점 투시도 그려보기

제시된 입면도를 기준으로 2소점 투시도를 주어진 그리드 위에 작성해보자.

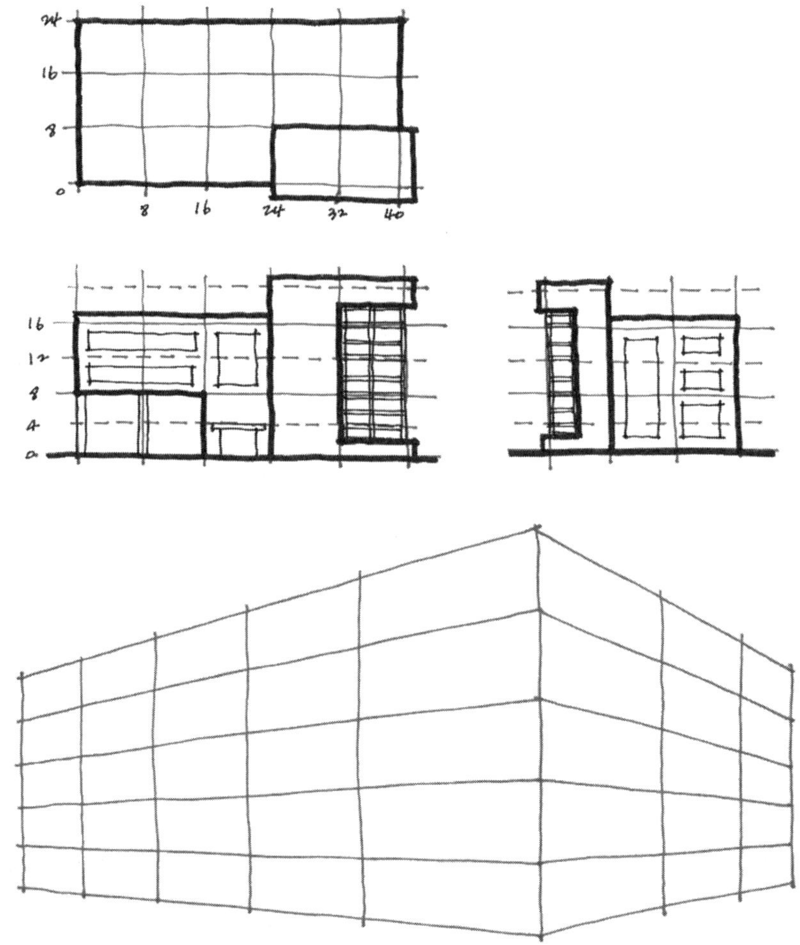

◆ 2소점 조감 투시도 그려보기

2소점 투시도를 그려봤다면 이제 본격적으로 주변의 건물이나 사물을 2소점으로 스케치 해보는 훈련을 해야 한다. 필요하다면 소점을 향하는 선이 나타나도 상관없다. 정확한 표현의도가 스케치에 표현된다면 그것으로 충분하다.

● 3소점 투시도

3소점 투시도는 2소점 투시도에 깊이감을 더하기 위해 수직으로 소점을 추가한 것으로 사실적인 표현이 가능하나 너무 과한 경우에는 왜곡이 심해 보인다.

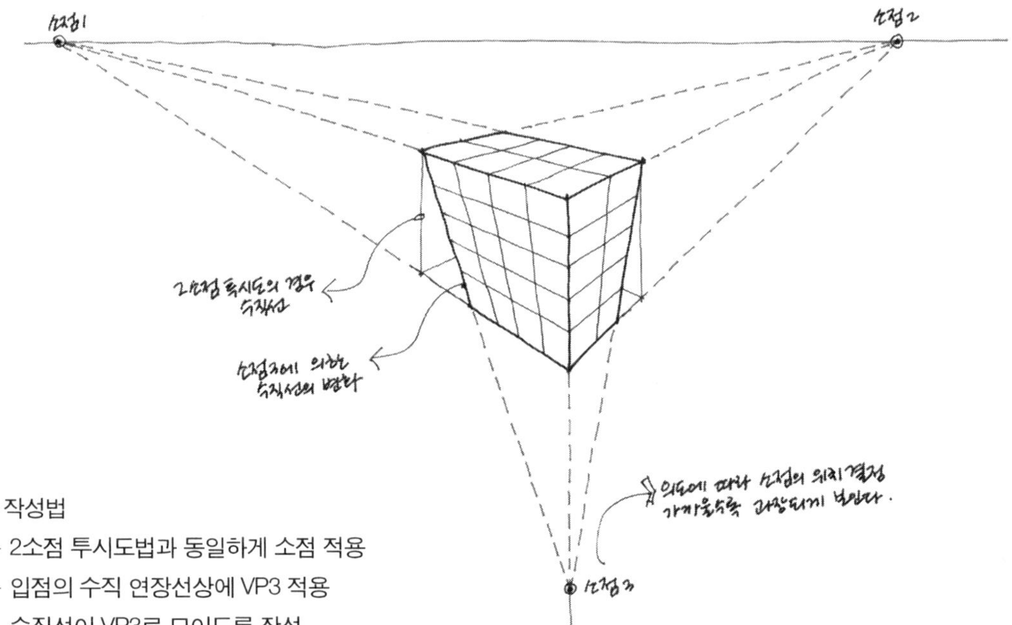

◆ 작성법

– 2소점 투시도법과 동일하게 소점 적용

– 입점의 수직 연장선상에 VP3 적용

– 수직선이 VP3로 모이도록 작성

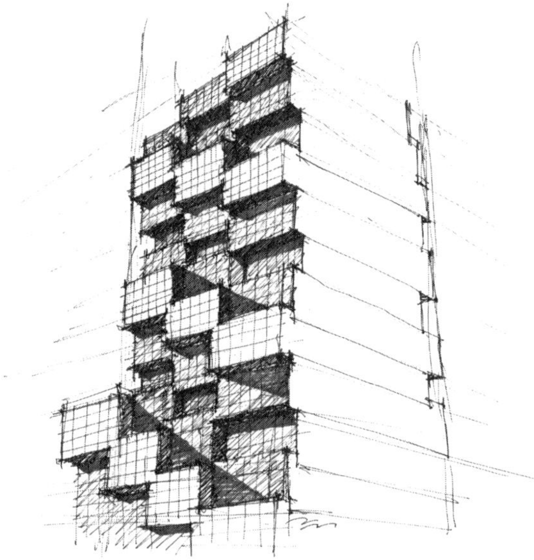

＊건물을 올려볼 때도 적용된다.

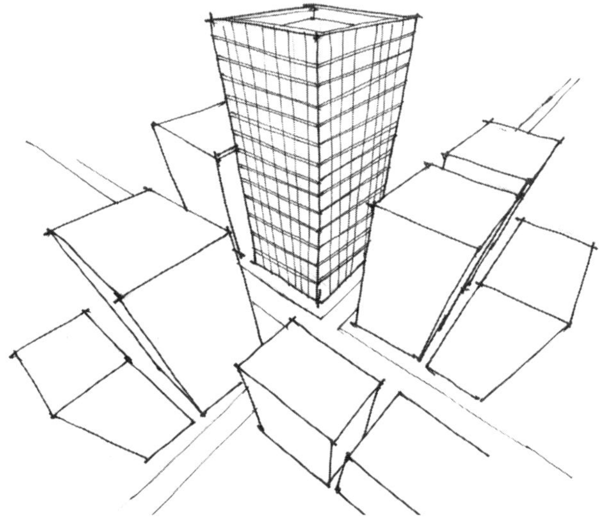

＊하늘에서 도심을 내려 보면서 그리고자 할 때 적용한다.

◆ 3소점 투시도 연습하기

아래 평면과 입면을 기준으로 3소점 투시도를 작성해보자.

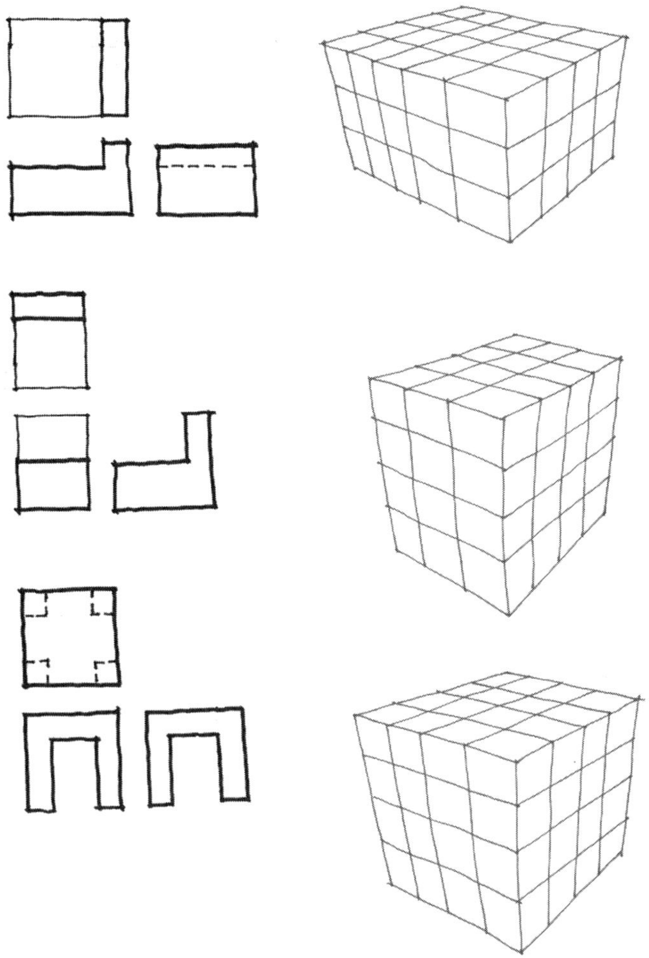

◆ 3소점 투시도 그려보기

제시된 입면도를 기준으로 2소점 투시도를 주어진 그리드 위에 작성해보자.

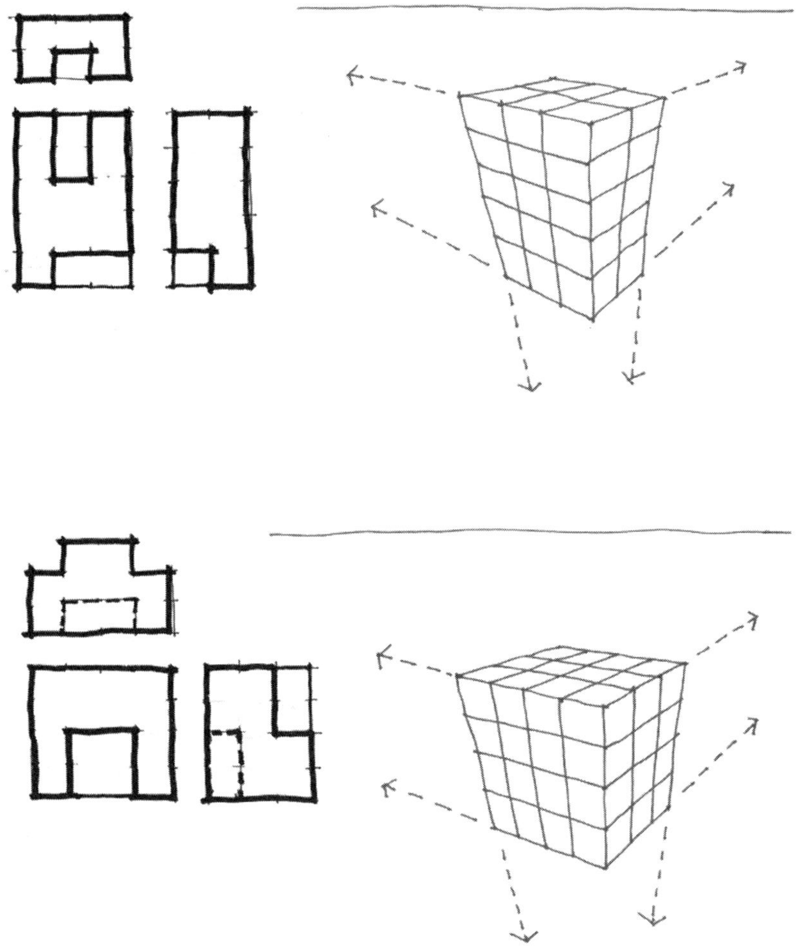

● 소점의 이동

지금까지 정해진 소점을 기준으로 투시도를 작성하는 방법을 알아보았다. 하지만 가끔씩 또 다른 소점이 발생하는 경우가 있다.

계단, 경사지붕, 도로의 각도변화 등이 있는 경우 소점이 움직인다. 높이가 변화하는 경우에는 소점과 동일선상으로 소점의 위치가 변화하고, 수평각이 변화하는 경우에는 눈높이 선상으로 소점의 위치가 변화한다.

◆ 소점의 수평이동

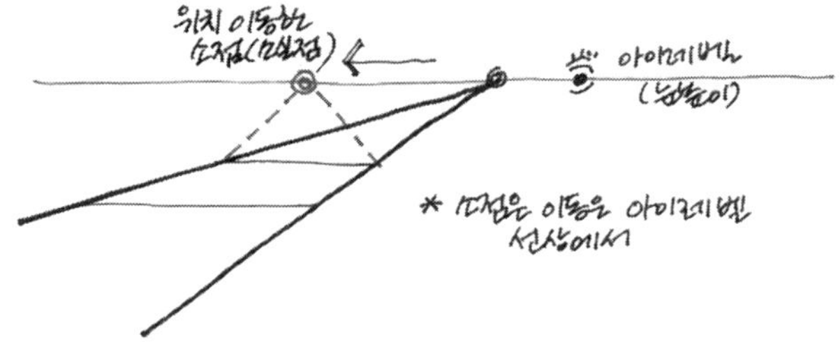

◆ 소점의 수직이동

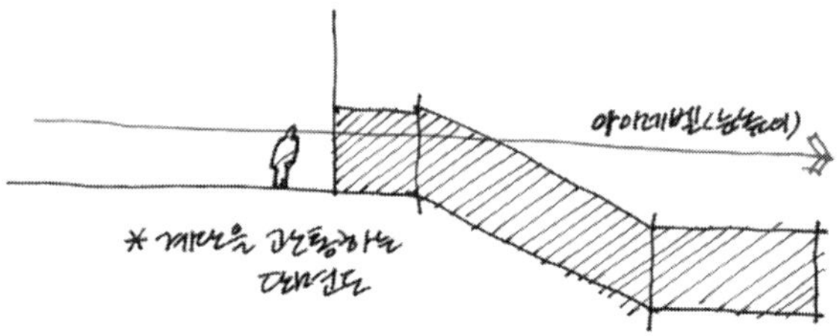

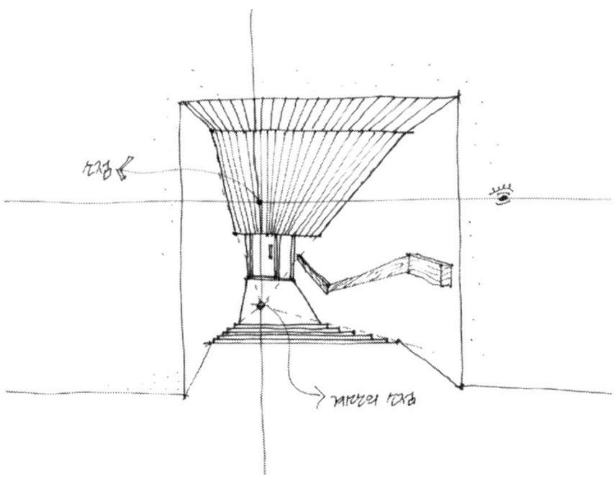

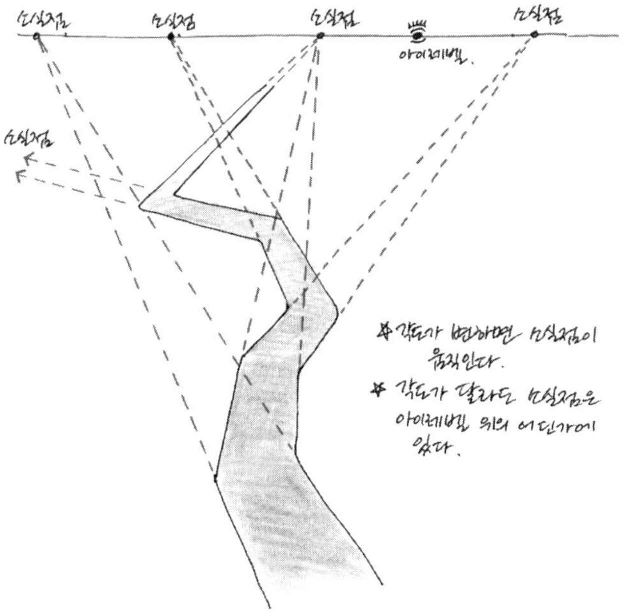

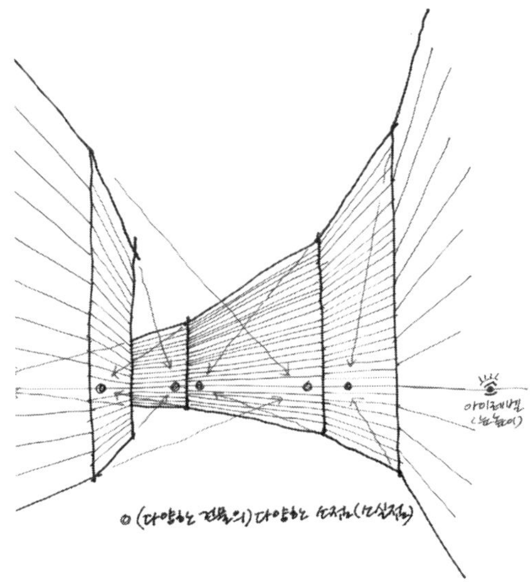

◆ 소점의 수직이동 (계단)

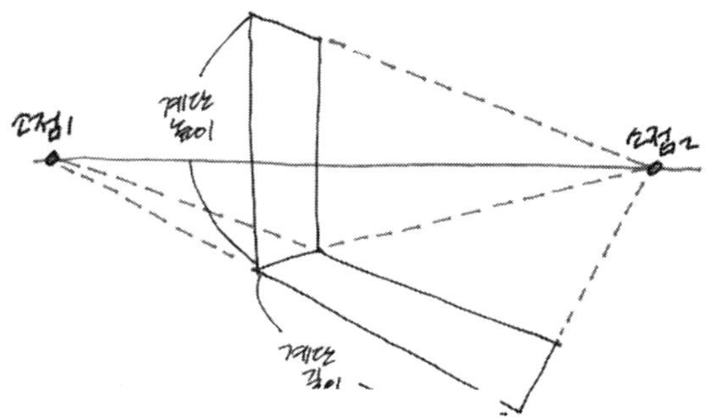
소점1
계단 높이
소점2
계단 길이

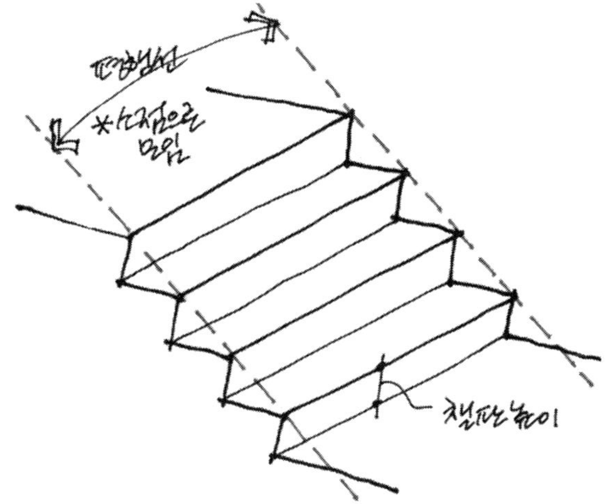
평행선
*소점으로 모임
챌판높이

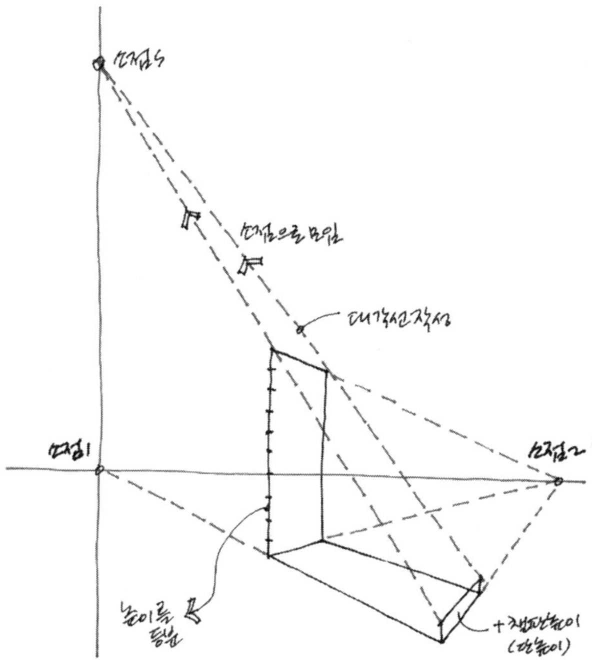
소점S
소점으로 모임
대각선 작성
소점1
소점2
높이를 등분
+챌판높이 (단높이)

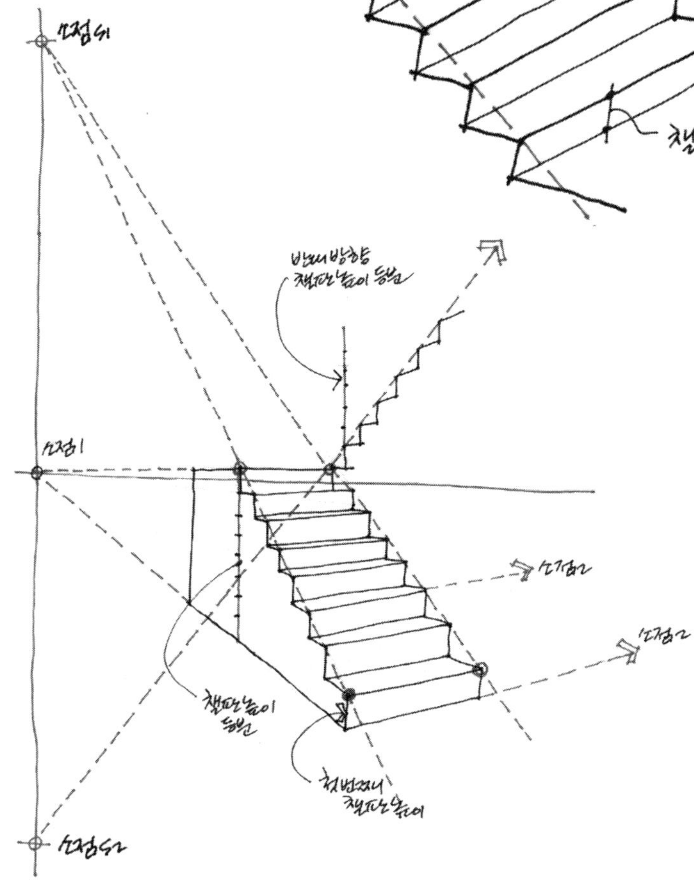
소점S1
반대 방향 챌판높이 등분
소점1
소점2
소점2
챌판높이 등분
첫번째 챌판높이
소점S2

◆ 소점의 수직이동 (경사지붕)

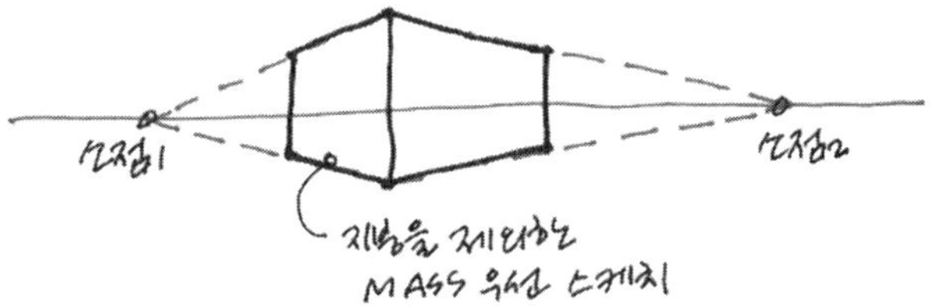

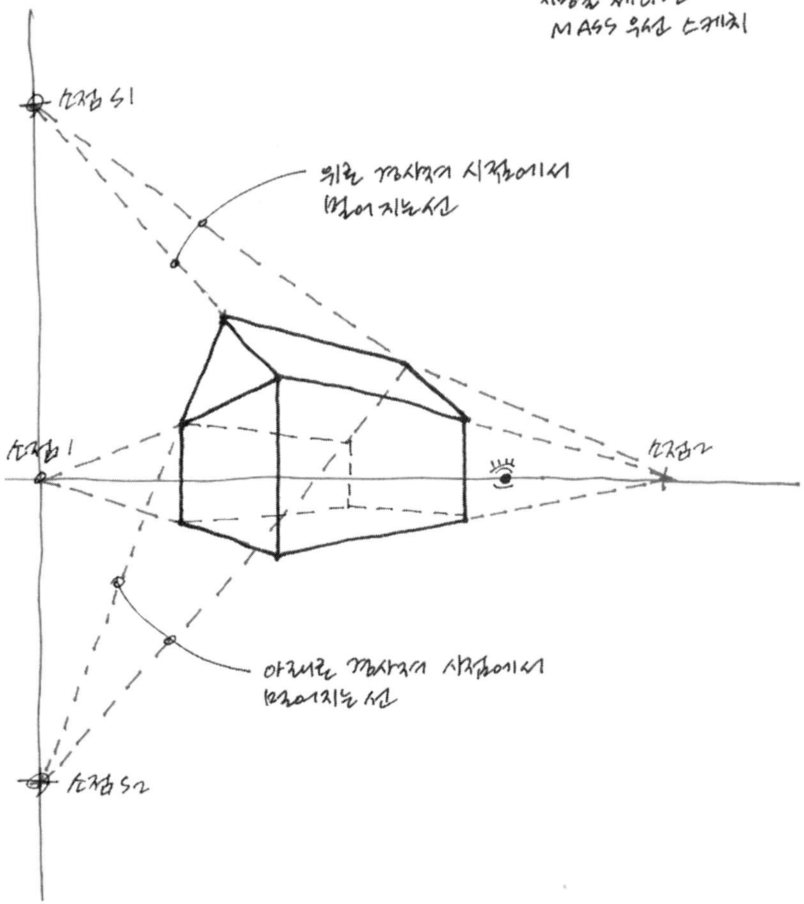

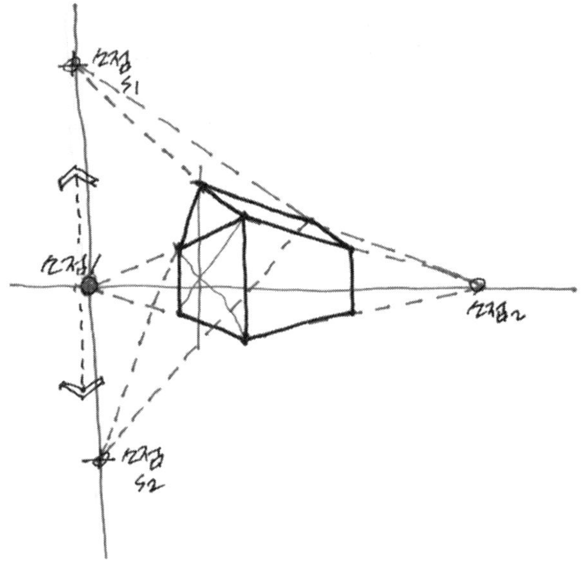

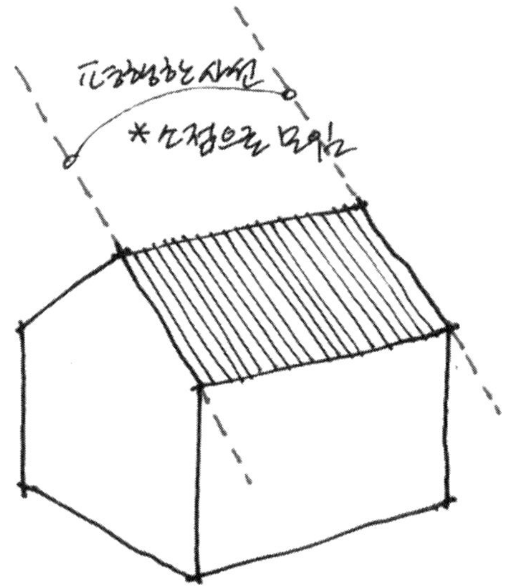

◆ 소점의 수평이동 (골목길)

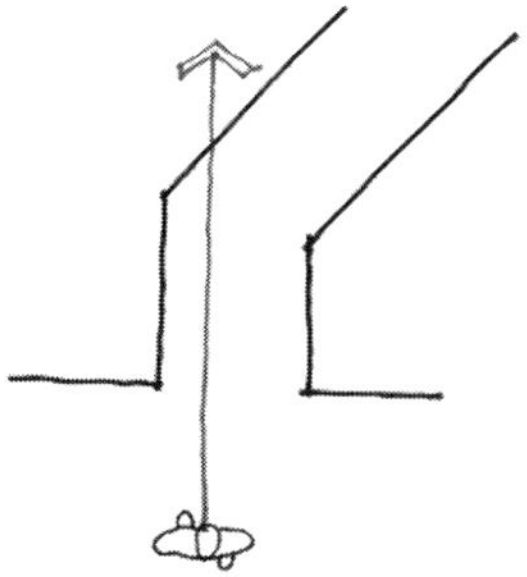

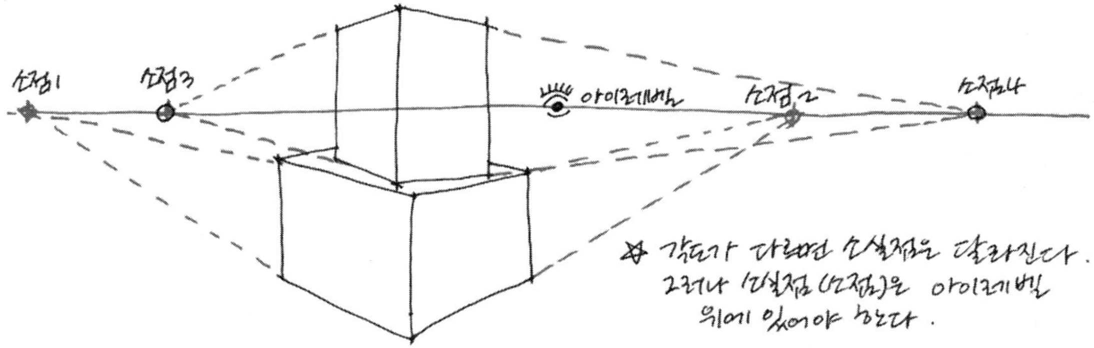

소점1
소점3
아이레벨
소점2
소점4
☆ 각도가 다르면 소실점은 달라진다.
그러나 소실점(소점)은 아이레벨
위에 있어야 한다.

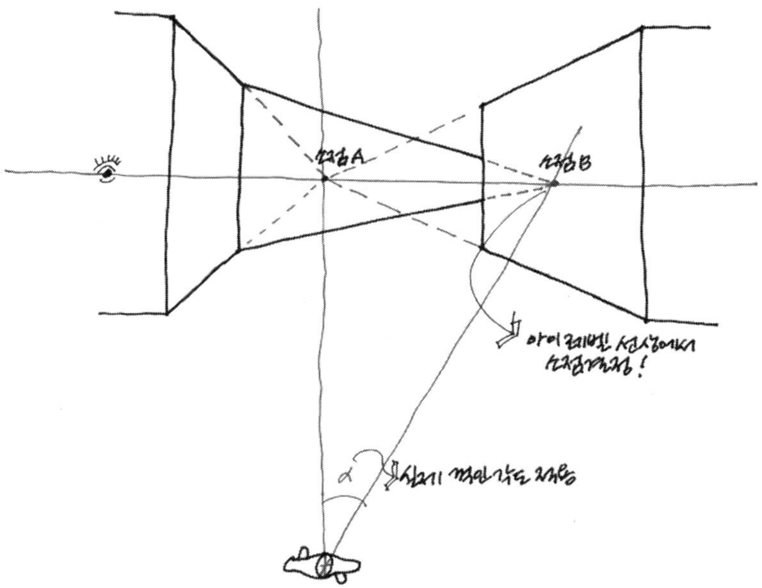

소점A
소점B
아이레벨 선상에서
소점결정!

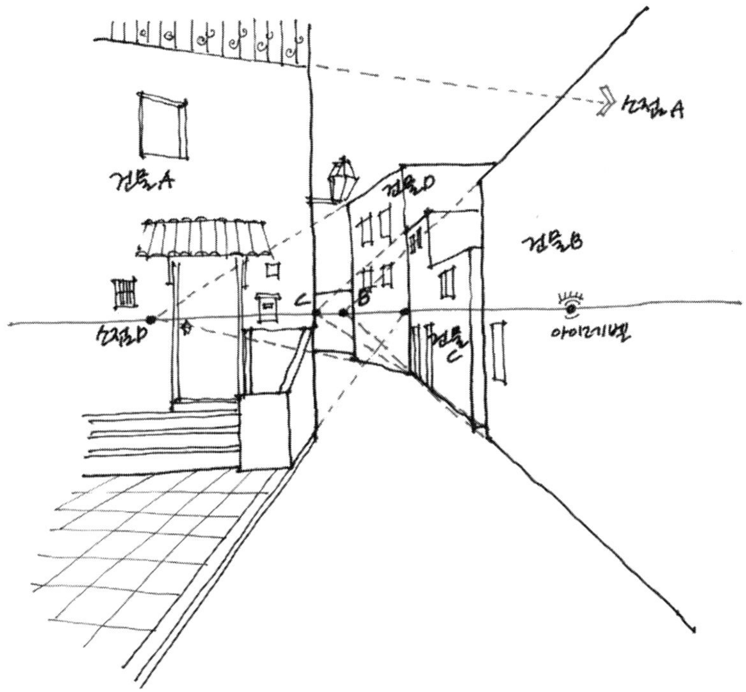

소점A
건물A
건물D
건물B
소점D
건물C
아이레벨

※ 소점의 수평이동을 적용하여 골목길을 스케치한 경우

홍용완 스케치

Volume sketch

입체적 표현 04

- 명암(음영의 성질)
- 선의 명암표현 방법
- 반사광
- 네거티브
- 그림자 표현
- 반영 표현
- 윤곽선

"내가 숙련된 솜씨를 위해 얼마나 많은 노력을 쏟아 부었는지 안다면, 결코 그렇게 감탄할 만한 일이 아니다." (미켈란젤로)

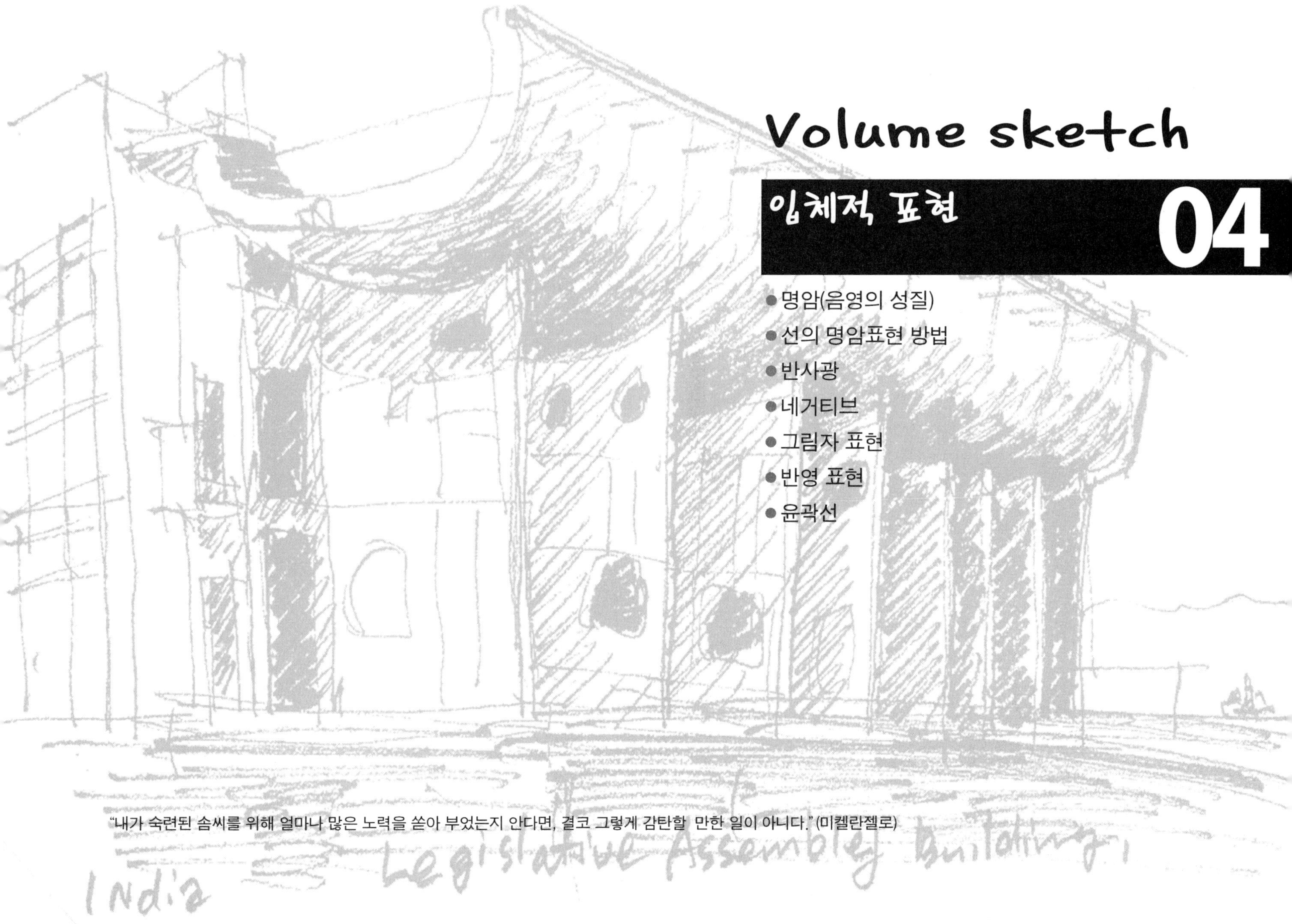

● 명암 (음영의 성질)

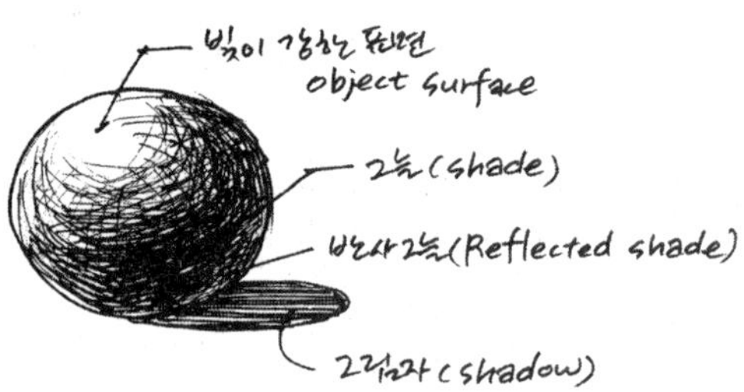

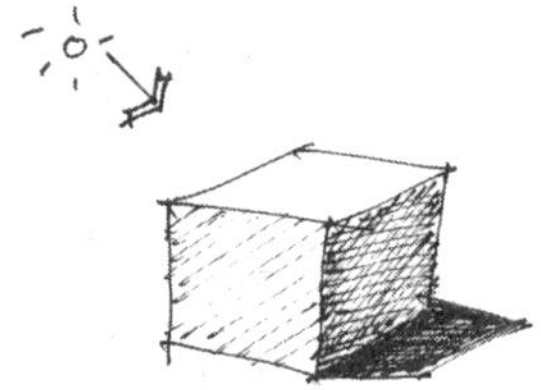

- 건축과 빛의 상호작용은 디자인의 필수 구성요소이다.
- 음(shade): 그늘, 물체에서 빛이 비추지 않는 부분
- 영(shadow): 그림자, 다른 표면에 드리워진 물체의 형태
- 광원: 물체에 작용하는 태양과 인공조명

실생활에서 볼 수 있는 모든 사물은 다양한 명암 단계를 지니고 있다. 스케치에 명암을 추가함으로서 사물의 부피감 및 입체감을 줄 수가 있다. 신속한 스케치를 그리기 위해서는 사물을 단순화시킬 필요가 있다. 물체의 명암은 밝기에 따라 밝음, 중간 밝음, 중간 어두움, 어두움의 4단계로 단순화시키는 것이 좋다.

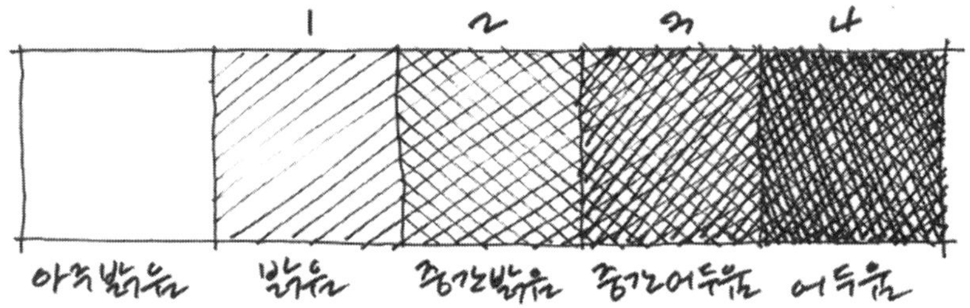

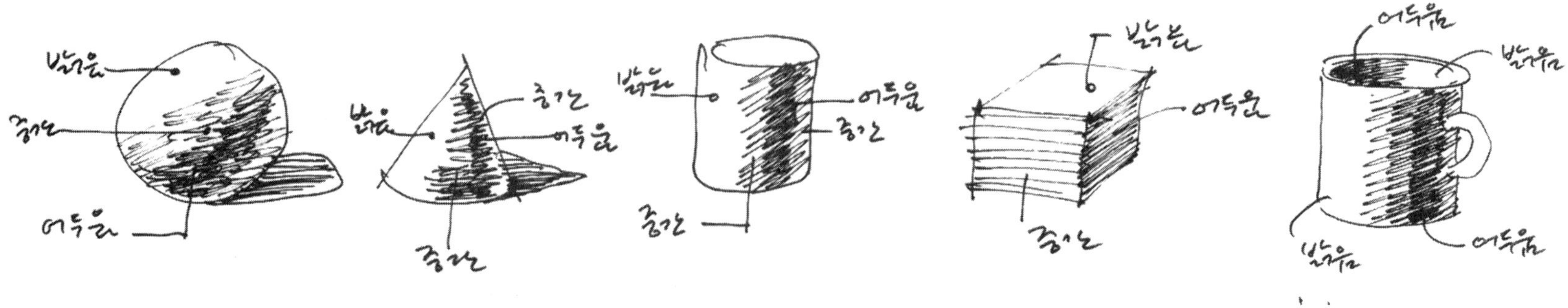

● 선의 명암표현 방법

선으로 명암을 표현하는 데는 몇 가지 스타일이 있다. 이 기법들을 이용하면 훌륭한 명암을 표현 할 수 있다

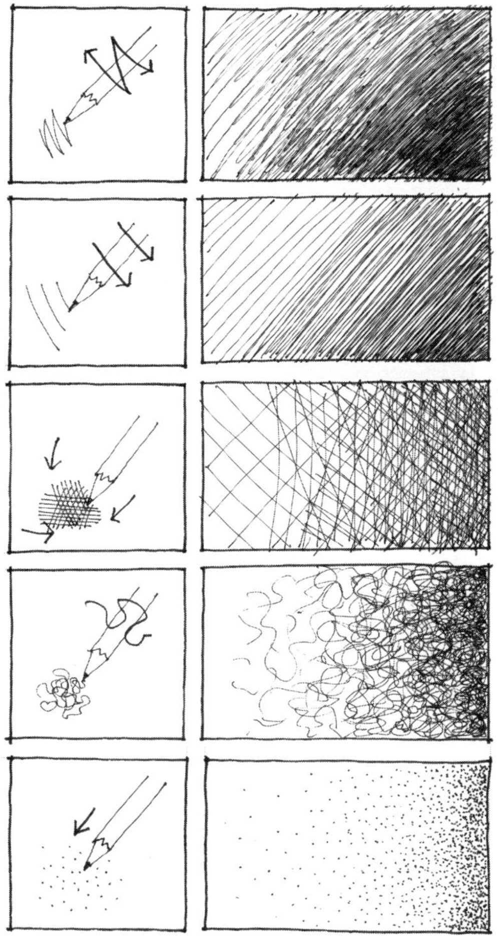

- **Free hatching**

펜을 추처럼 움직여서 그리는 방법으로 펜 끝을 종이에서 떼지 않고 계속 가볍게 왕복하면 균일한 농도를 유지 할 수 있다.

- **Hatching**

펜끝을 한 쪽 방향으로 향하게 하여 한 줄씩 그리는 방법으로 균등한 간격으로 선을 그어야 좋은 명암표현이 가능하다.

- **Cross hatching**

방향을 바꿔가며 해칭의 선을 덧칠하면 명암을 표현하는 방법으로 선을 여러 번 겹쳐서 표현한다.

- **Scrabble**

손에 가볍게 힘을 주고 종이표면 위를 이리저리로 움직여 농담을 표현하는 방식으로 균등하게 농도를 조정할 수 있으며 세밀한 부분을 그릴 때 적합한 방법이다.

- **Stipping**

점을 찍어서 명암을 표현하는 방법 이로 정성들여야 좋은 명암을 얻을 수 있다.

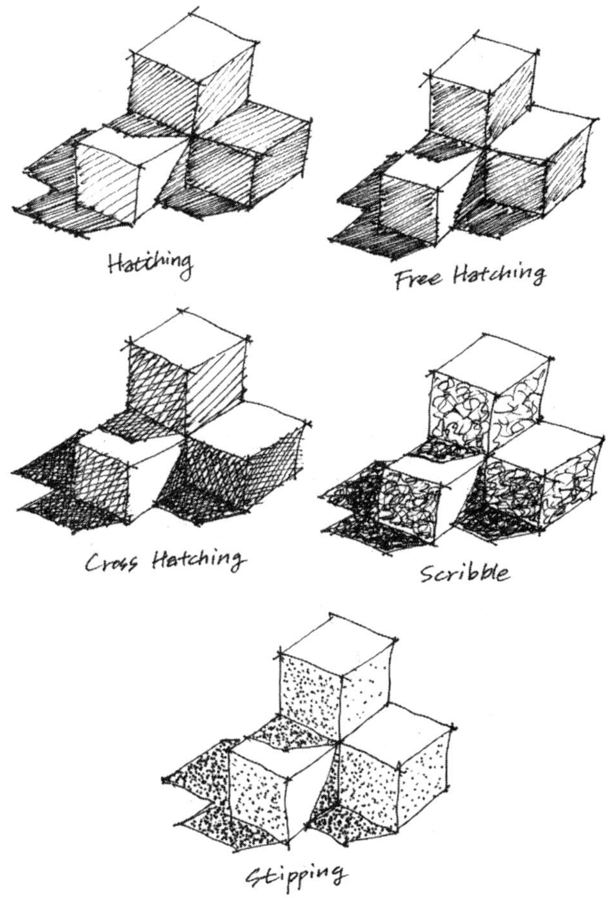

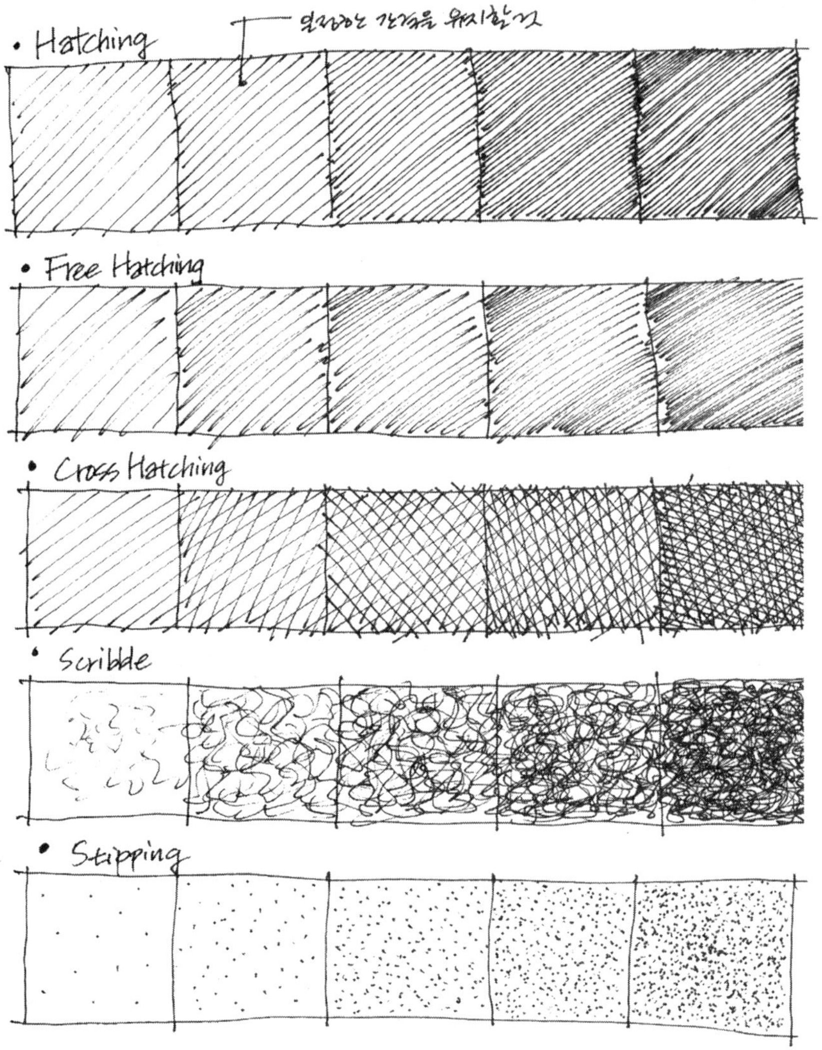

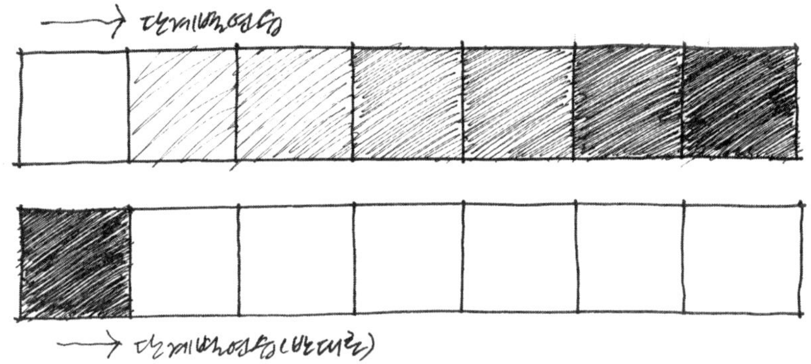

* 각 기법들을 단계별로 칸을 만들어 표현연습을 해야 한다. 점차 농도를 짙게 했다가 반대로 농도를 갈수록 낮춰서 연습한다.

* 다양한 기법을 적용을 해보면 빠른 스케치를 하기 위해서는 간편하게 적용할 수 있는 Hatching 기법을 사용하는 것이 일반적이고, Scribble 또는 Stipping 기법은 특별한 표현이 아니고 자주 사용되지 않으므로 이 책에서는 더 이상 언급하지 않는다.

◆명암의 표현연습 - 1단계 (Cross Hatching)

– 선의 간격으로 명암 조절

– 일정한 간격을 유지하도록 선을 그을 것.

– 시작과 끝에 주의하여 선을 그을 것.

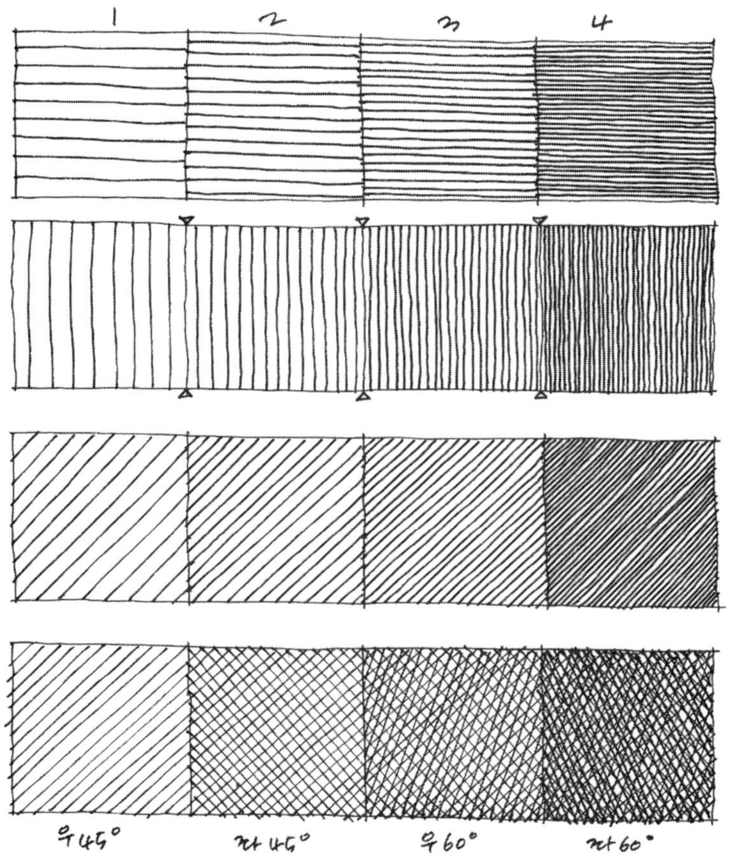

● 명암 1단계 표현연습(Cross Hatching) - 따라 하기

◆ 명암 1단계 표현연습 (입체응용) - 기본도형

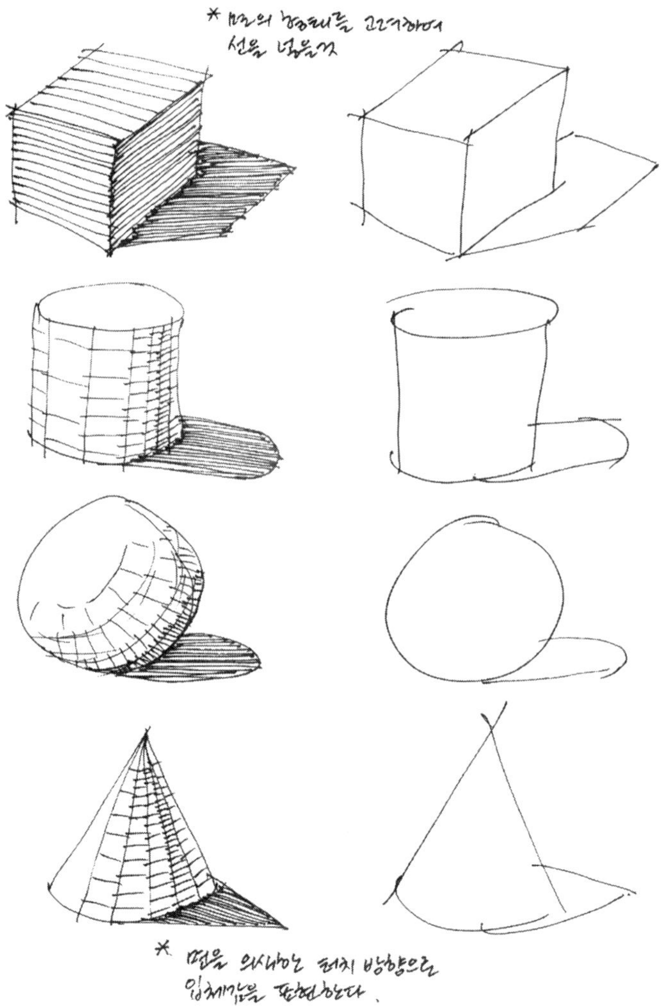

※ 직선의 많은 등분을 이용하여 선을 표현. 선의 간격을 이용하여 명암을 표현하는 방식

※ 얼굴의 형상도 명암의 단계를 표현하기 위해 각 면상처럼 해석하여 표현하면 쉽게 명암을 적용할 수 있다.

※ 포토샵에서 그래픽펜을 이용하여 그려본 배우 얼굴 이런 터치로 활동하는 일러스트작가도 있다.

◆ 명암 1단계 표현연습(Cross hatching) - 뫼비우스의 띠를 이용

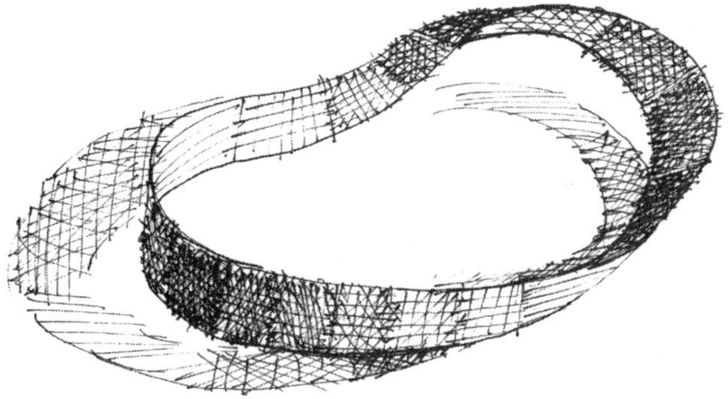

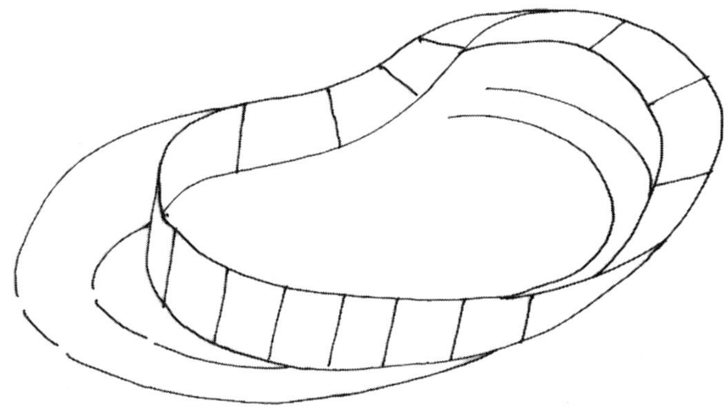

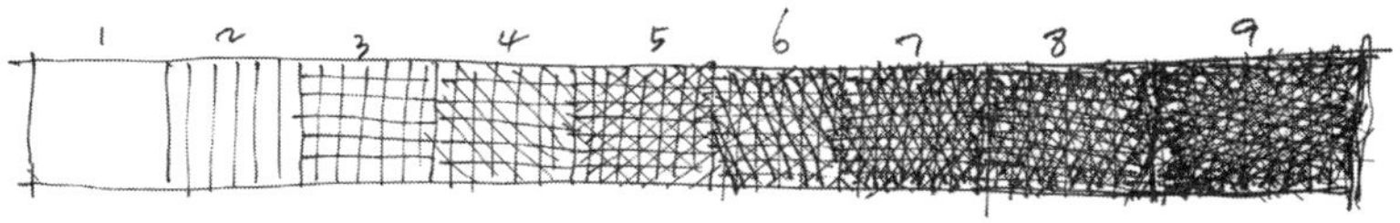

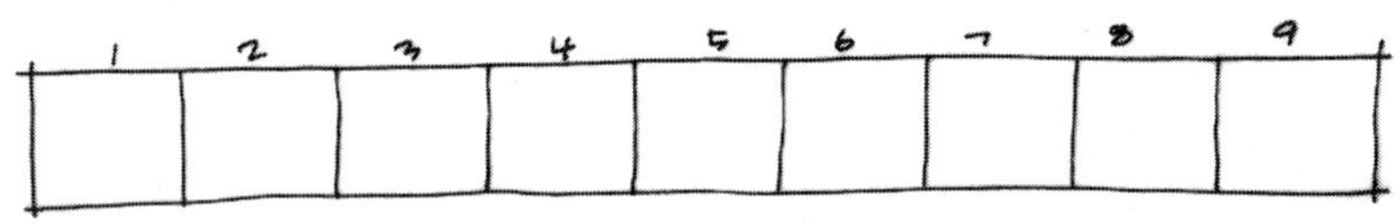

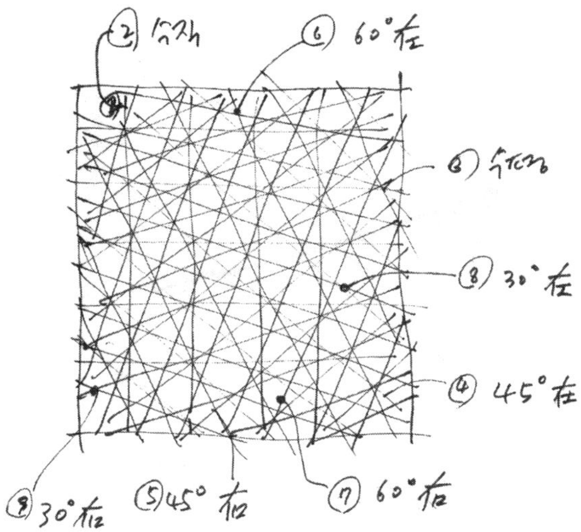

※ 스케치는 물 흐르듯 자연스럽게 되어야 한다. 지나치게 딱딱해서도 안 된다. 생각을 쉽게 표현할 수 있는 도구로서 스케치는 막강한 툴이 된다. 말이나 글보다 그림이 더 설득력 있는 표현이다.

◆ 명암의 표현연습- 2단계 (Free hatching)

– 간격을 이용한 표현

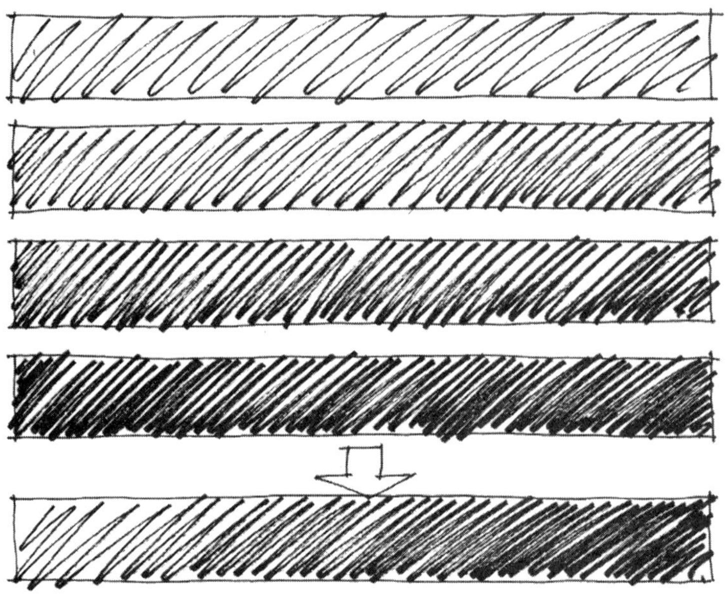

※ 단계별로 러프한 선으로 간격을 가능한 일정하게 하여 연습한 후에 마지막으로 간격을 점점 줄여가면서 명암 표현을 해보자.

– 겹침을 이용한 표현

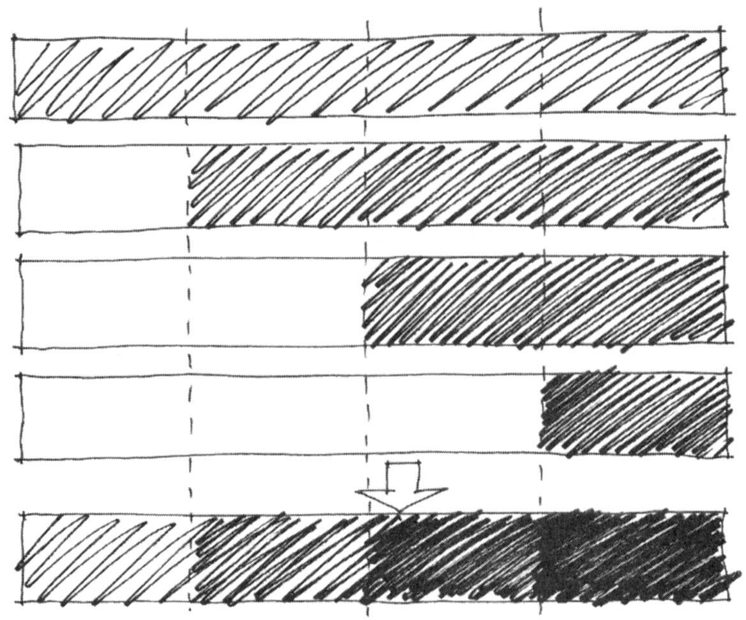

※ 단계별로 러프한 선으로 간격을 가능한 일정하게 하여 연습한 후에 마지막으로 중첩하여 명암을 표현 해보자. 겹침으로 인해 단계별 명암 구분이 가능해진다.

◆ 명암 2단계 표현연습(Free Hatching) - 퍼즐

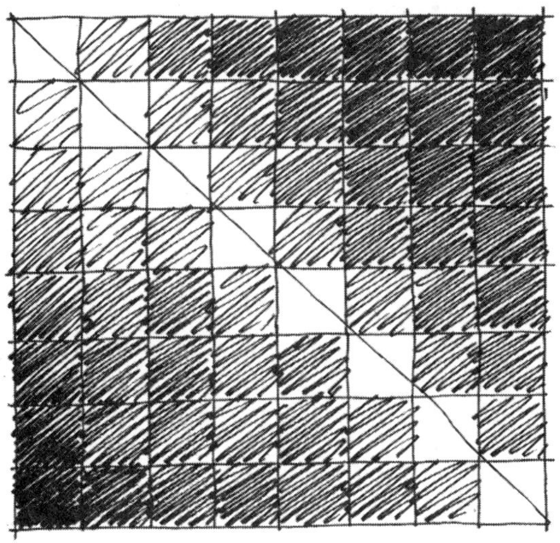

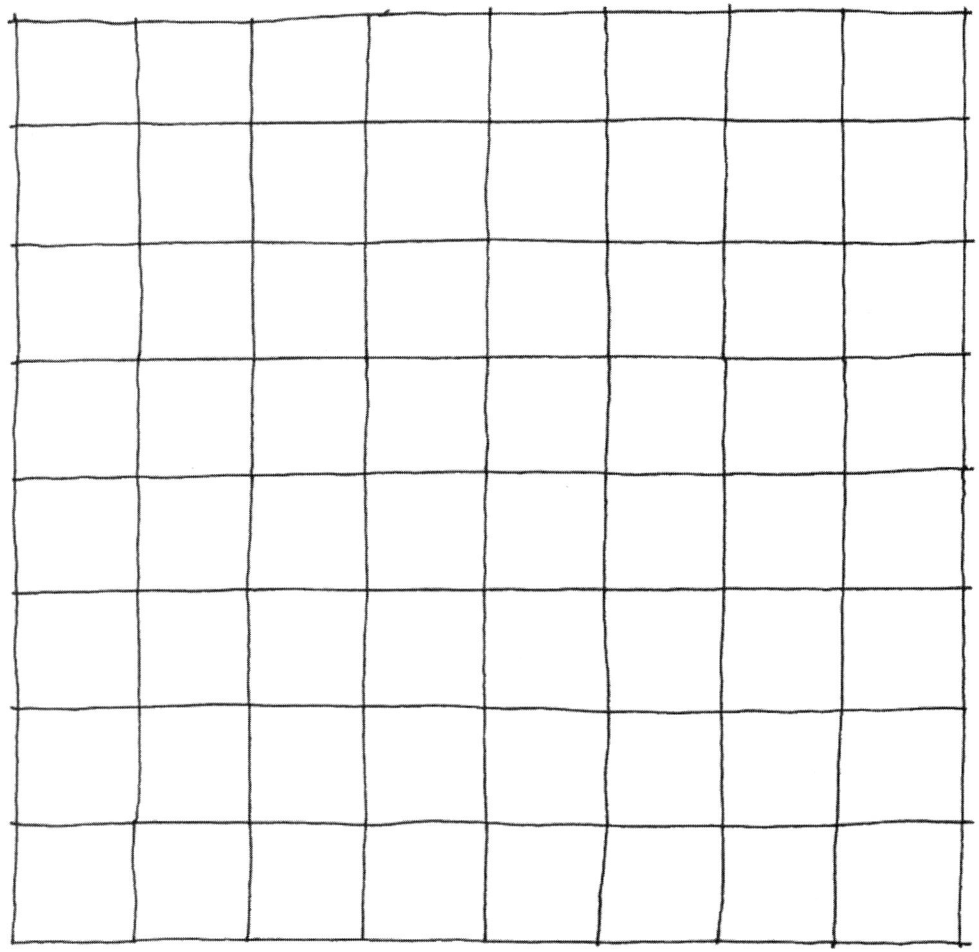

※ 퍼즐의 빈 공간에 프리해칭으로 명암표현을 연습하자. 단 해치가 균일하도록 집중력을 가지고 연습해야 한다.

◆ 명암의 2단계 표현연습 (입체응용) - 기본도형

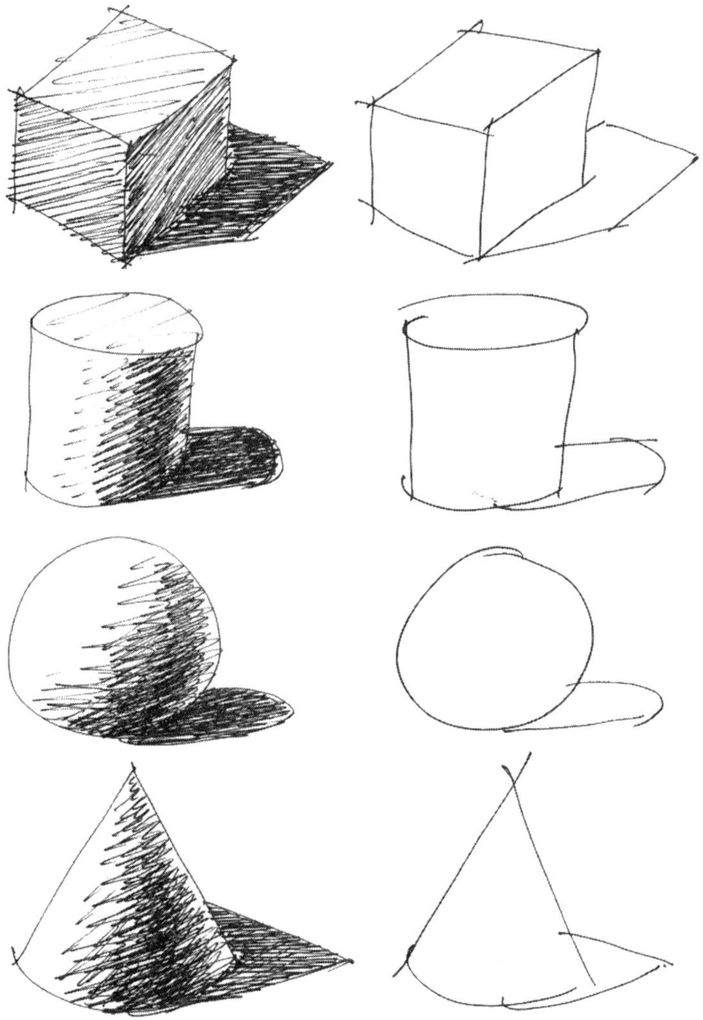

◆ 명암의 표현응용 (Hatching & Free hatching) - 선의 굵기차

단일 굵기와 굵기 차를 이용한 입체표현(규칙적인 선과 불규칙적인선)

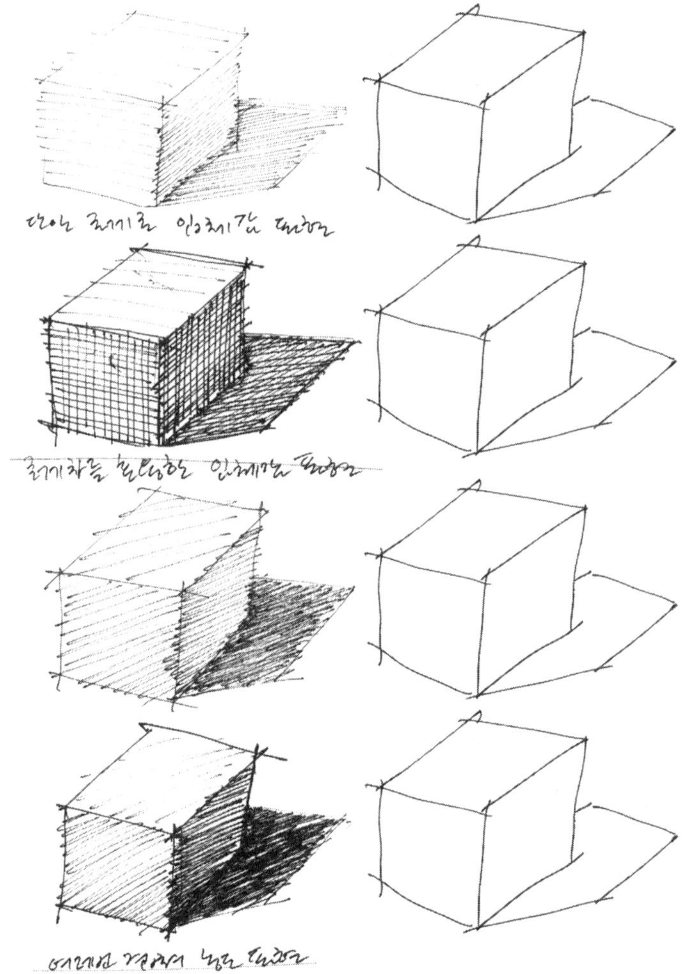

◆ 다양한 펜을 이용한 명암표현

펜의 종류에 따라서 스케치의 다양한 표현이 가능하다. 굵기조절을 잘 활용한다면 더욱 입체감 있는 표현이 가능하다.

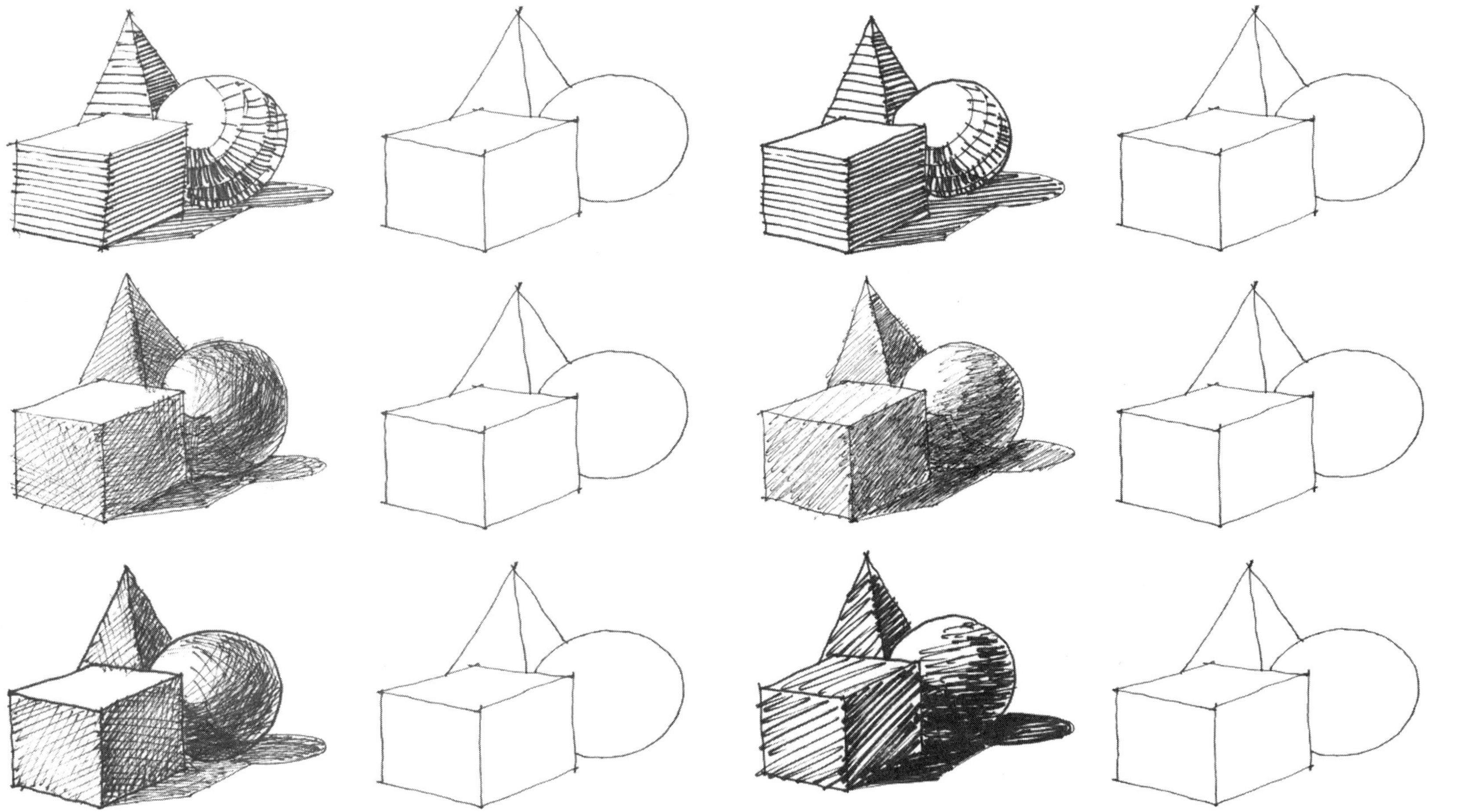

◆ 인체의 명암표현 방법

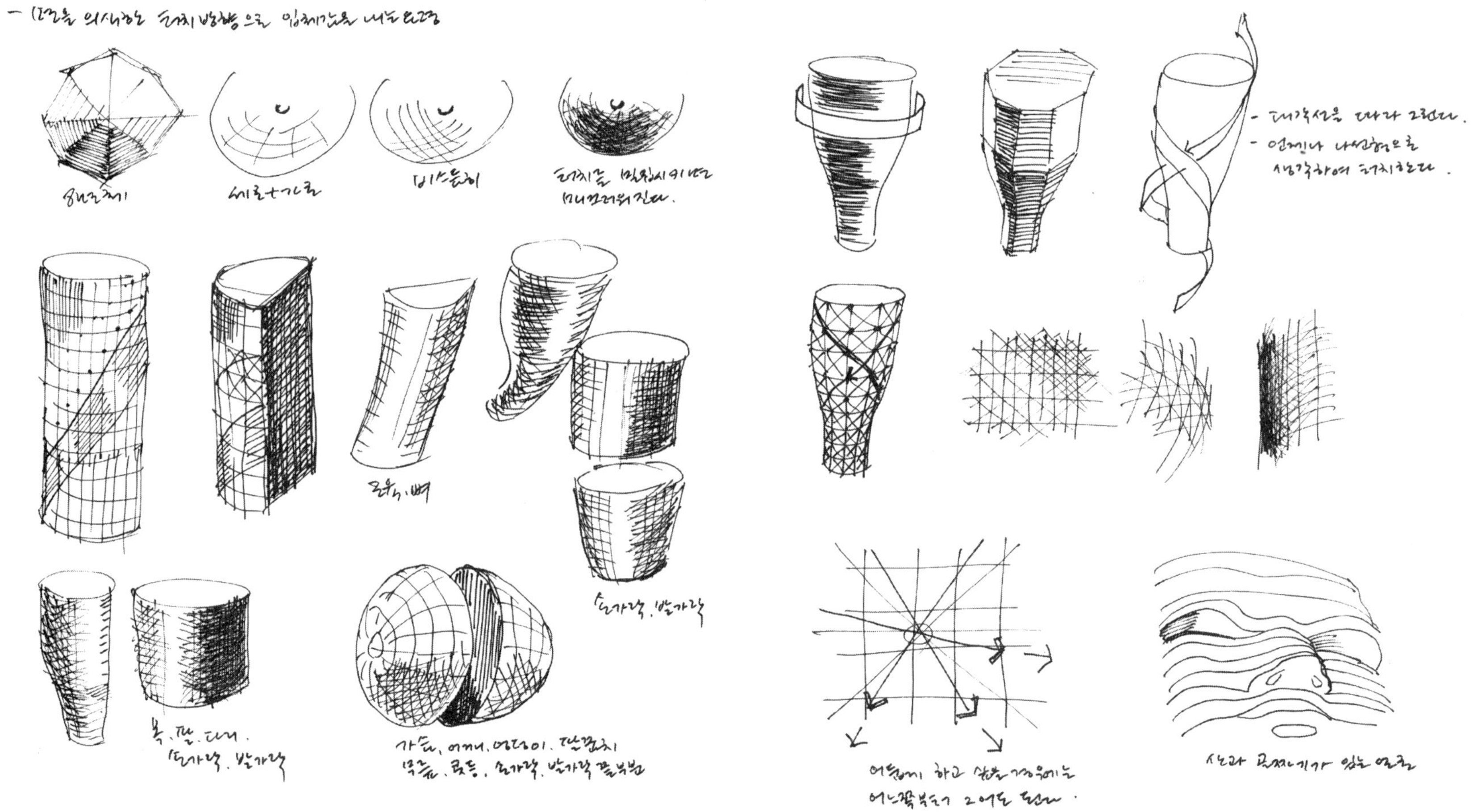

※ 인체의 명암처리는 건축물이나 풍경에 비해서 상당히 까다롭다. 하지만 입체의 형상을 파악하고 명암을 적용하는 연습을 한다면 인체스케치도 가능하다고 본다.

● 반사광

물체와 접해있는 표면에 반사되어 물체에 간접 광이 비추는 것을 반사광이라 한다. 물체를 자세히 관찰하다보면 물체의 가장 어두운 부분 가까이에는 항상 밝은 부분이 인접해 있다.

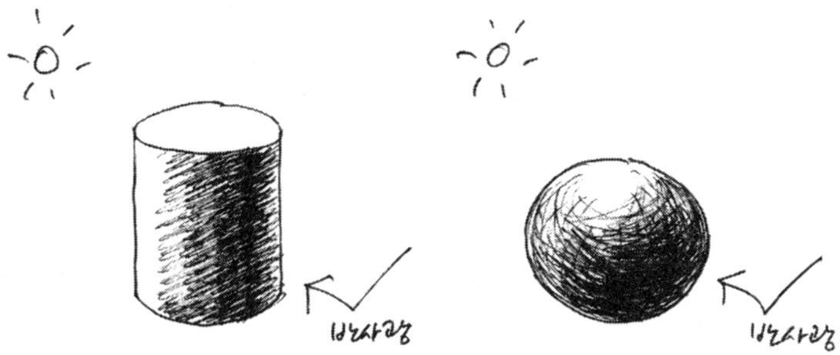

—물체의 색이 진하면 명암도 더 어둡다.

—밝은 부분과 어두운 부분은 서로 대비된다.

—평평한 표면에도 항상 미묘한 선으로 변화를 준다.

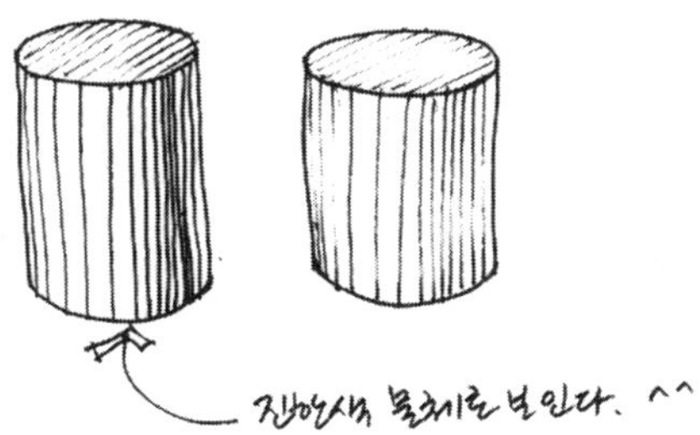

◆명암의 대비란?

—가장 강조되는 곳은 가장 어두운 부분이다.

—가장 밝은 부분이 주변과 대비되는 곳이다.

—가장 어두운 부분과 가장 밝은 부분을 대비시키면 그곳이 가장 강조되며, 그 부분이 보는 사람의 시선을 집중시킨다.

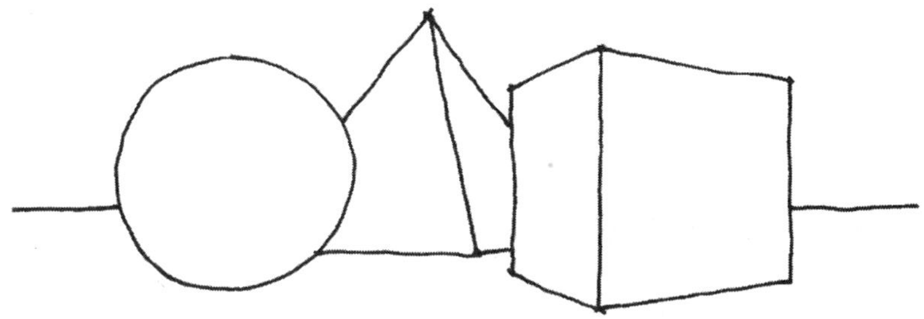

※ 명암 및 대비효과를 추가함으로써 깊이감과 입체감을 극대화할 수 있다.

● 네거티브

형태는 포지티브(어둡게) 또는 네거티브(밝게)로 표현된다. 포지티브는 누구에게나 명확하다. 사람이나 건물 등의 그림은 포지티브이다. 네거티브 형태는 대부분의 사람들에게 분명히 인식되지 않는다. 그것은 물체를 둘러싼 배경이 되는 밝은 부분과 같은 것이다. 성공적인 그림이 되려면 포지티브 형태와 네거티브 형태가 모두 흥미로워야 한다. 네거티브 형태는 포지티브와 마찬가지로 중요한데도 흔히 무시되고 있다. 네거티브와 포지티브 형태를 모두 흥미롭게 표현해야 한다.

- 머그컵 손잡이의 안쪽을 떠올려보자
- 정말 아무것도 없는 빈공간의 그림이다.
- 손잡이 윤곽에 둘러싸인 텅 빈 공간이지 물리적인 물체로 정의되는 것은 아니다. 그런 공간을 '네거티브 공간' 이라고 한다. 네거티브 공간은 주변에서 쉽게 찾을 수 있고 연습하기에 좋다.

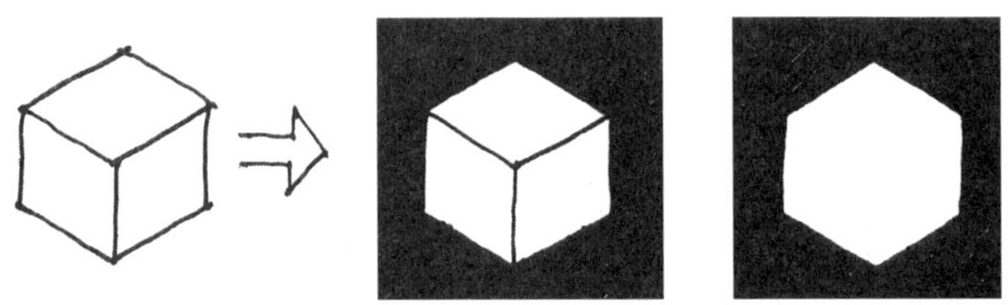

※ 형태를 인식할 수 있는 선이 있어도 좋다.

● 그림자 표현

물체에 작용하는 광원으로는 태양과 인공조명이 있다. 태양광선은 만들어지는 그림자의 방향과 평행한 것으로 간주된다. 평행광은 태양에서 나온 광선이 태양과 지구 사이, 즉 약 150,000,000km나 떨어진 먼 거리를 이동하기 때문이다. 실제로 태양광선은 지표면에 도달할 때 산광 되지만 이 빛의 흐트러짐은 그림자에는 별다른 영향을 미치지 않는다. 반대로 인공조명은 그림자를 형성하는 물체와 근접해 있기 때문에 빛이 방사상으로 확산되어 방출된다. 그 이유는 광원과 물체의 거리가 짧기 때문에 발생되는 것이다.

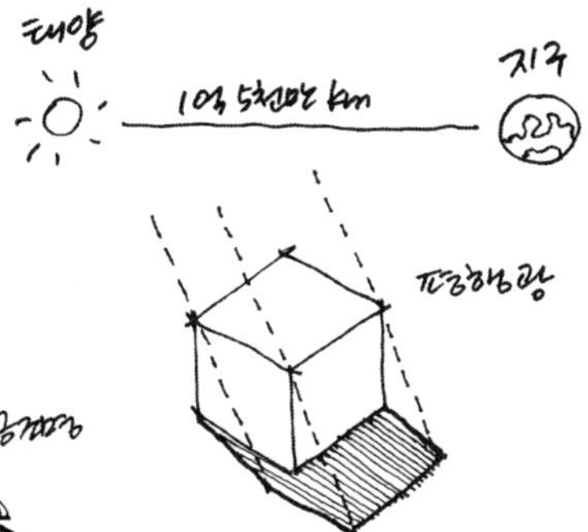

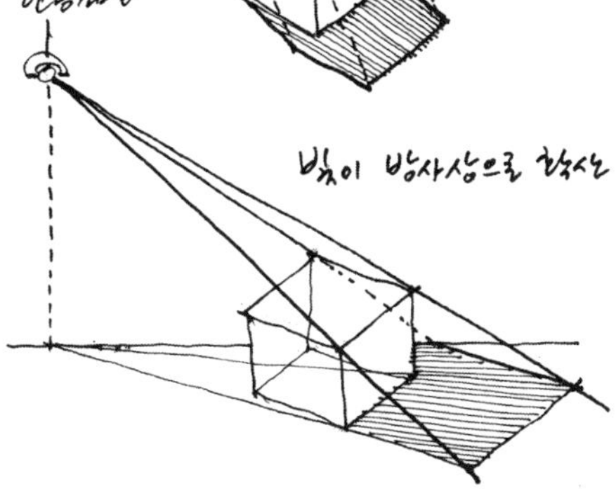

◆ 그리는 과정

① 빛이 비치는 각도 결정
② 모서리마다 삼각형 그림
③ 삼각형 밑변 연결
④ 그림자를 어둡게 칠함

◆ 태양광(평행광)

빛의 방향과 물체가 이루는 삼각형의 밑변이다.

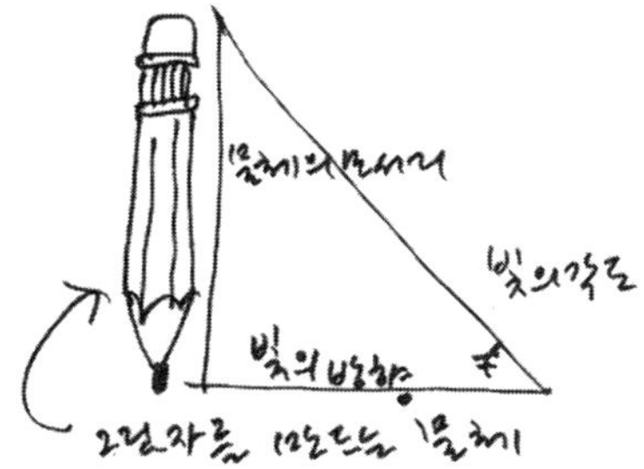

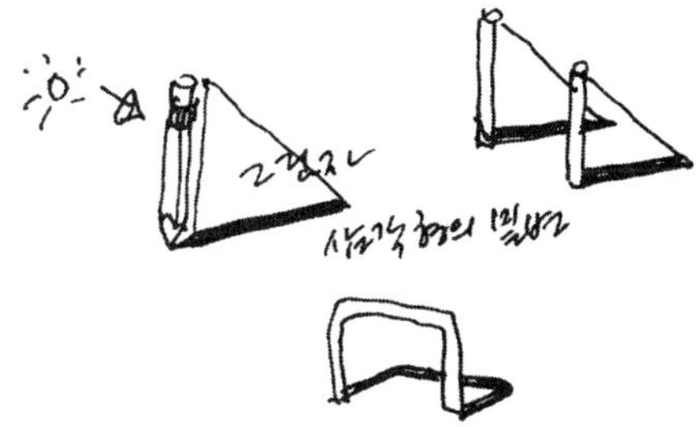

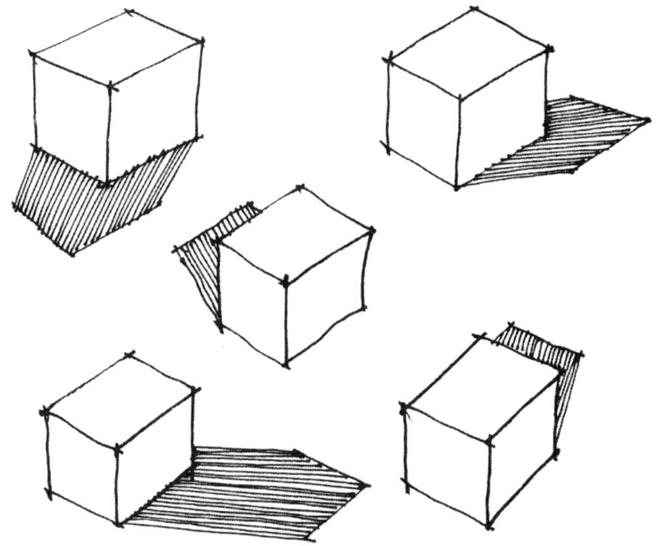

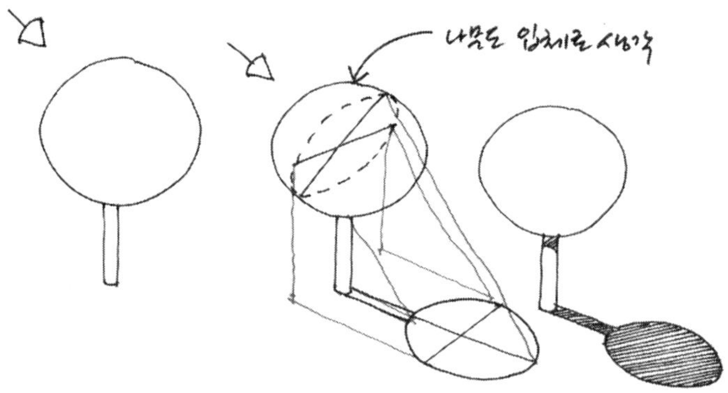

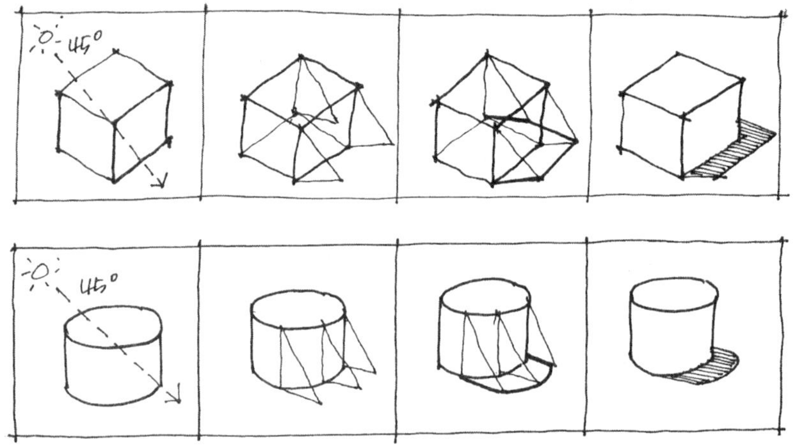

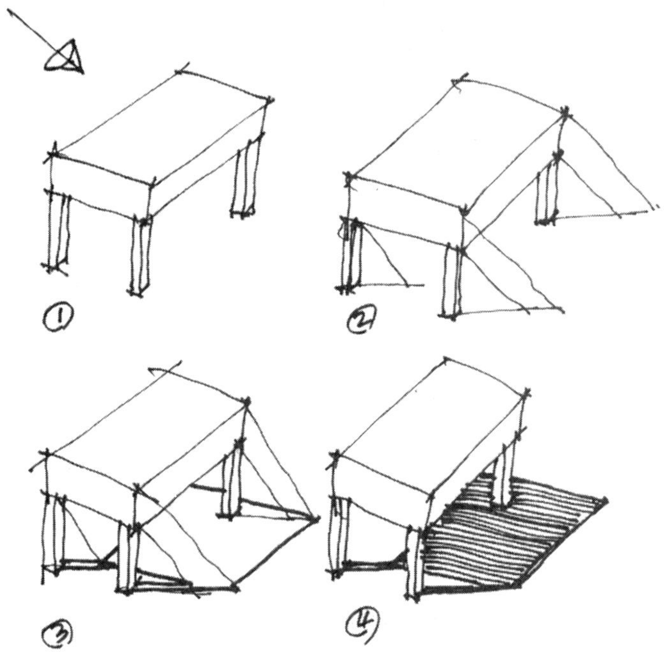

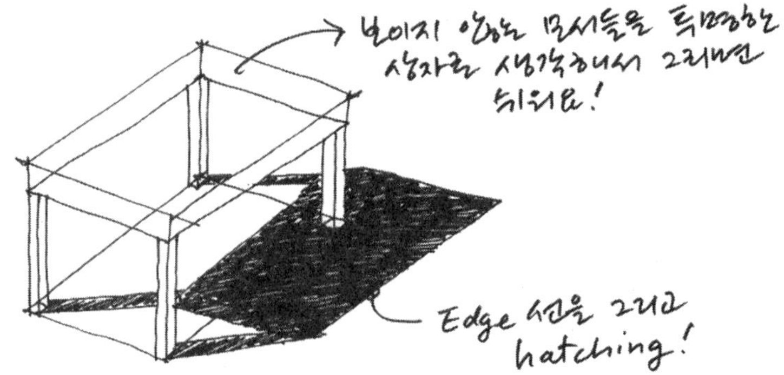

◆ 그리는 과정

① 빛이 비치는 각도 결정

② 모서리마다 삼각형 그림

③ 삼각형 밑변 연결

④ 그림자를 어둡게 칠함

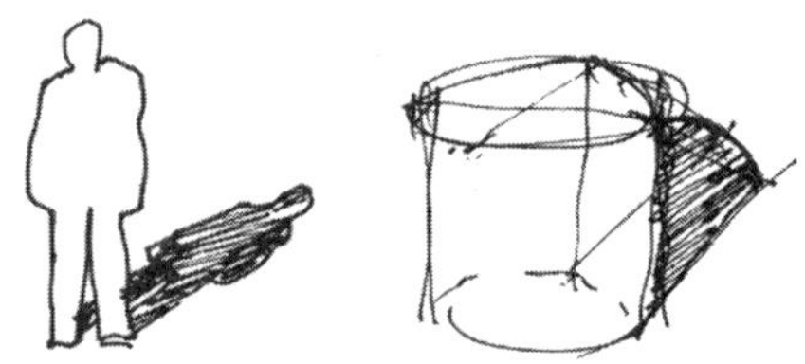

◆ 그림자 연습 해보기

광원의 각도를 생각하면서 그림자를 넣어보자

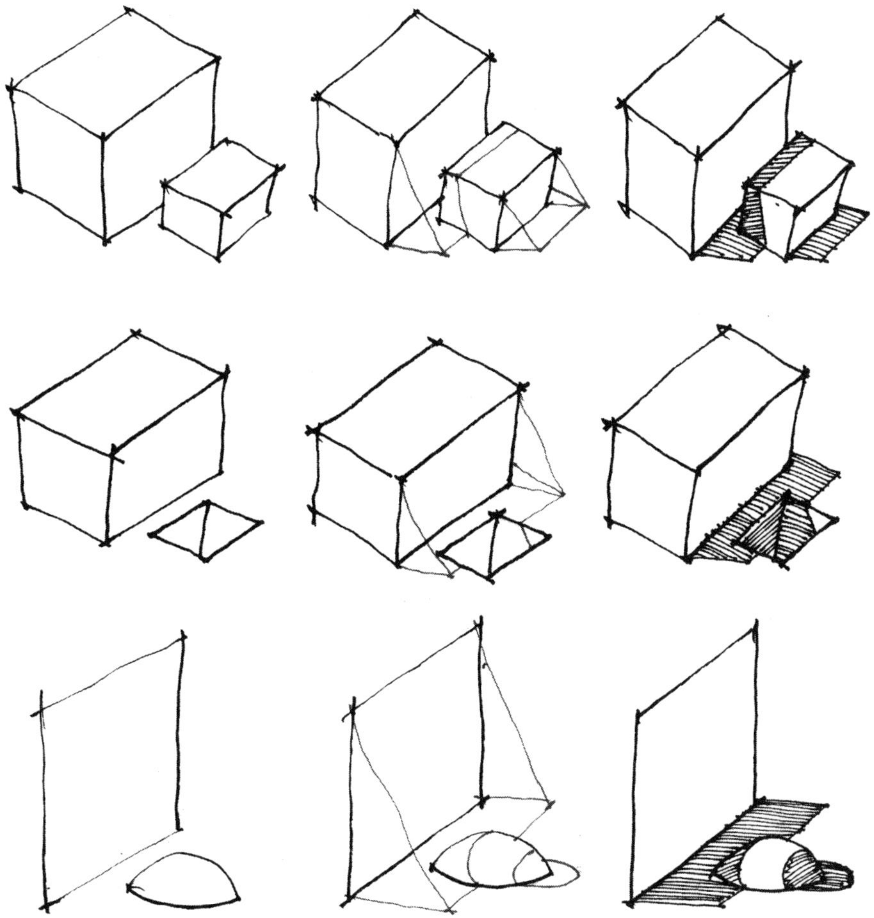

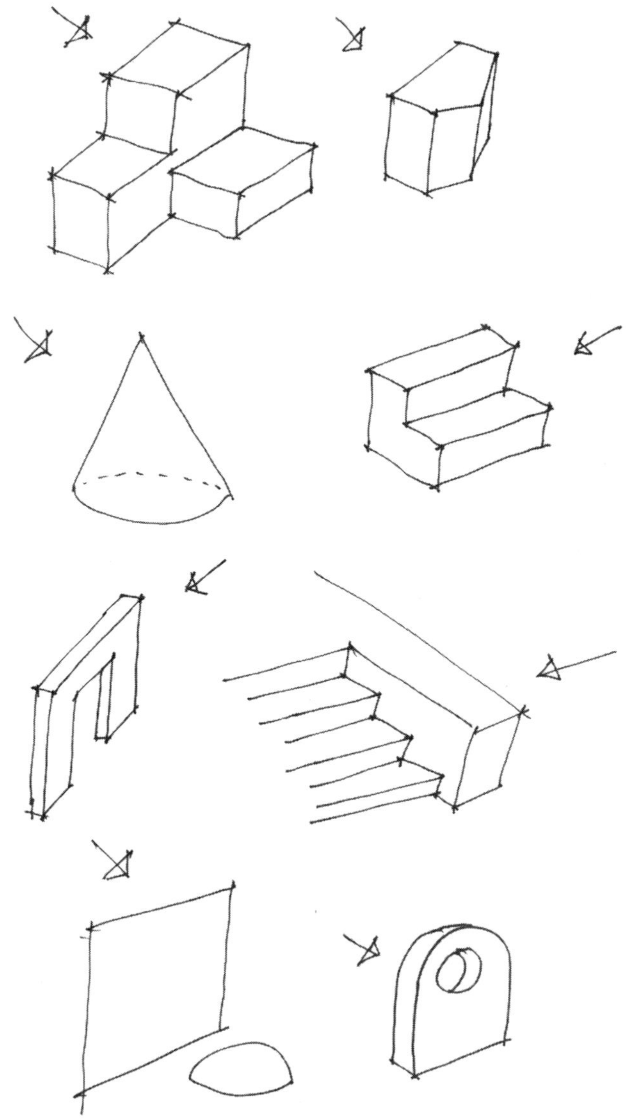

◆ 인공조명(확산광)

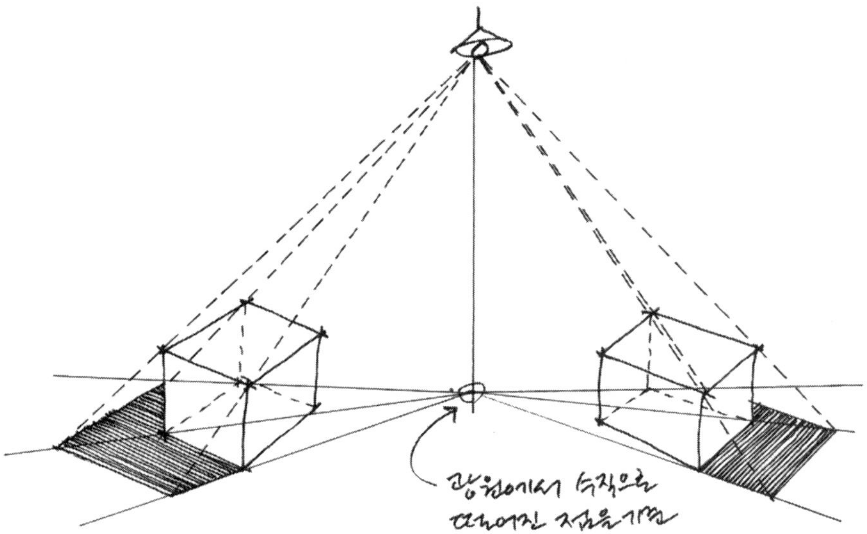

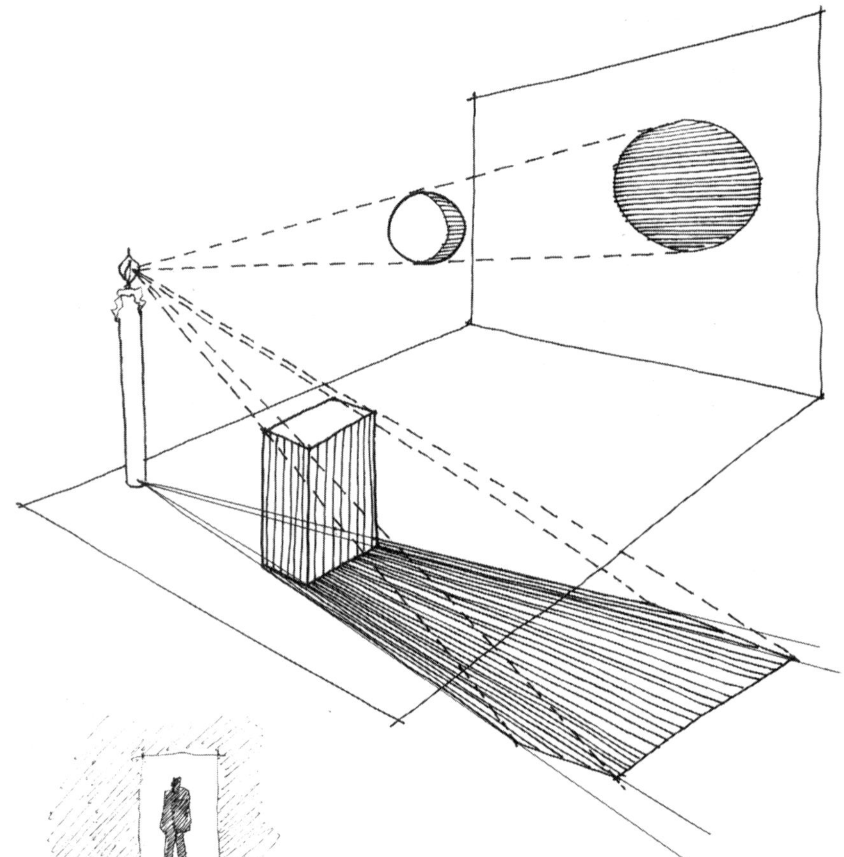

◆ 그리는 과정

① 빛이 비치는 각도 결정

② 광원에서 수직으로 떨어진 점을 기준으로 각모서리를 연결하는 연장선을 그림

③ 광원에서 모서리를 연결하는 선과 표면에서 교차되는 지점을 연결

④ 그림자를 어둡게 칠함

※ 광원의 위치와 각도에 따라 다양한 그림자가 생겨난다. 우리주변에서 주의 깊게 관찰하면 재미있는 스케치가 가능하다.

◆ 건물의 그림자표현

건축과 인테리어에서 건물이나 사물의 그림자를 표현할 때는 어느 특정한 시기와 장소에 햇빛이 비추는 것을 표현하지 않고, 형태와 공간의 깊이 감을 표현하도록 한다. 일반적으로 광원은 사물의 앞 왼쪽 상단에 위치하며 광원의 각도는 45도를 유지하는 것으로 가정하고 표현한다.

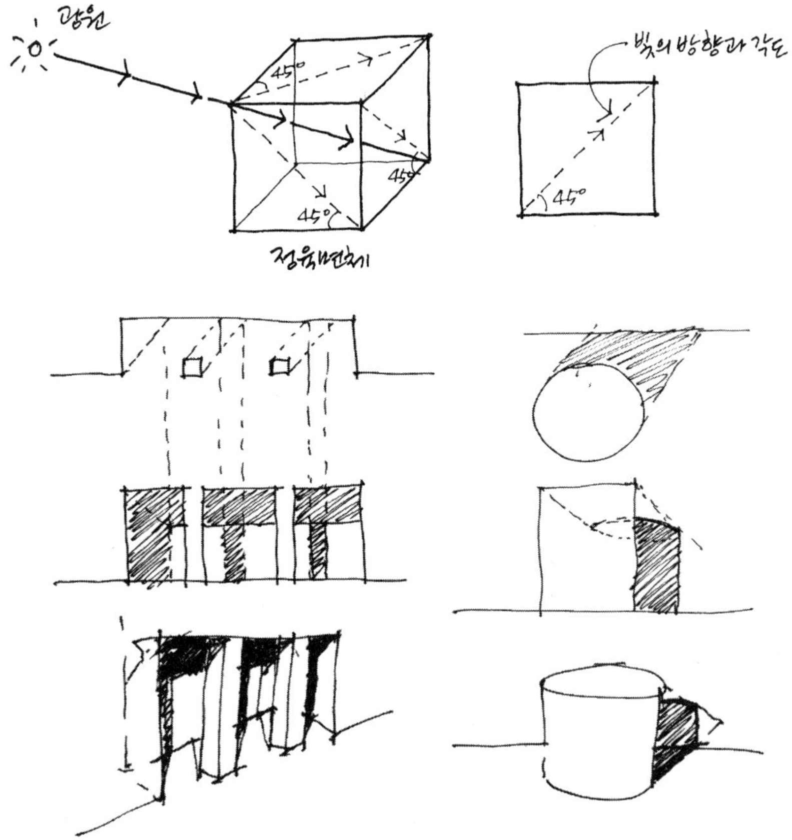

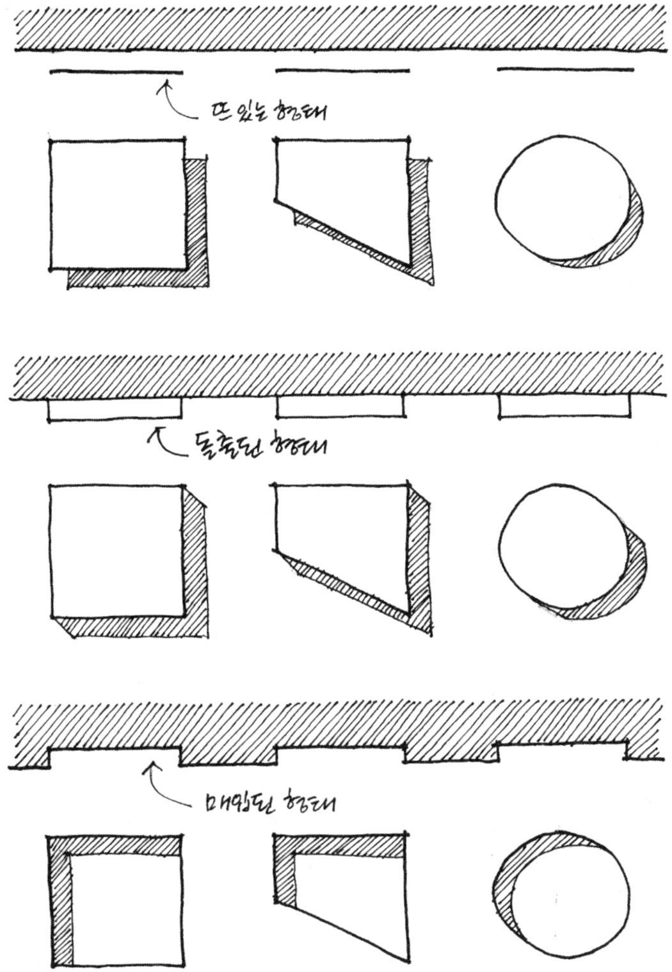

– 입면그림자

사물이 벽면과 평행할 때, 그림자는 그림자를 만드는 선에 평행하다, 같은 형태의 입면스케치는 그림자의 형태에 따라서 사물의 형태와 공간감을 표현할 수 있다.

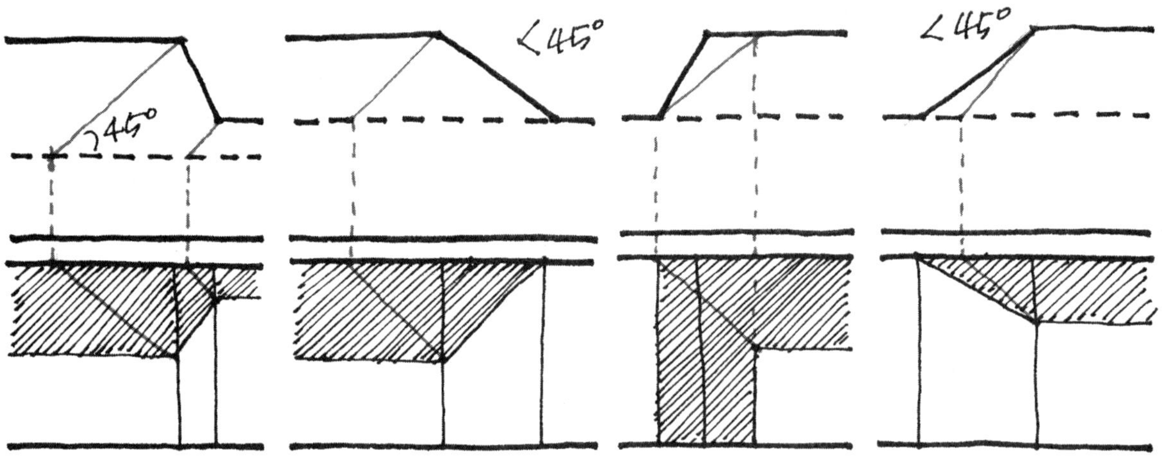

— 벽면의 기울기에 따라 그림자의 변화를 파악할 수 있다.

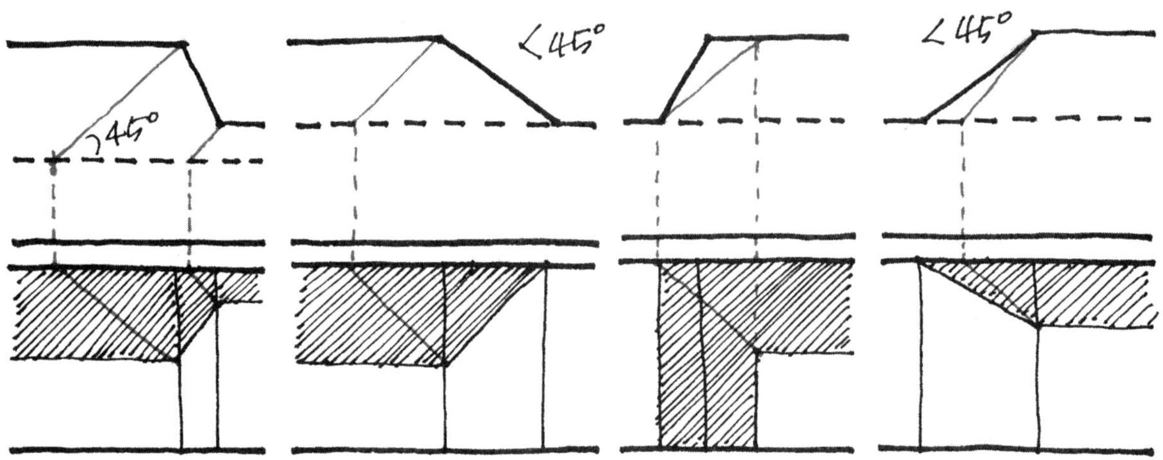

— 그림자의 표현으로 벽면의 곡면상태를 쉽게 파악할 수 있다.

● 반영(反映) 표현

거울처럼 반질반질한 면에 물체가 비친 상을 반영이라 한다. 거울 위에 물체를 올려놓으면 위아래가 뒤집혀 비치게 된다. 반사된 영상을 표현하면 그림이 아주 사실적으로 보이게 된다.

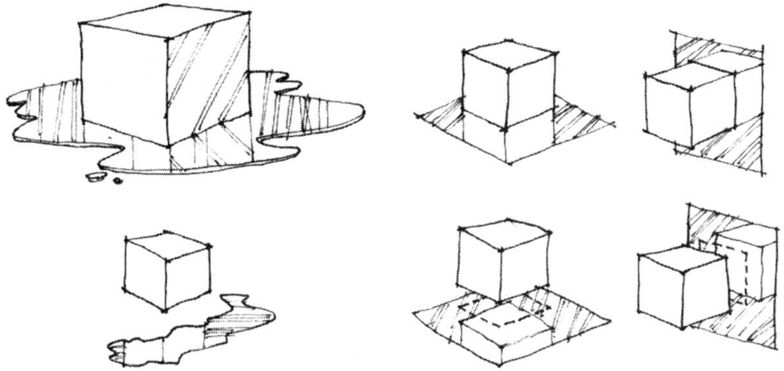

◆ 반영 표현

- 거울에 비친 영상과 같다.
- 물체에 비치는 표면의 거리는 표면과 반사된 영상의 거리와 동일하다.
- 아래 비친 손은 좌우가 뒤바뀌고 거꾸로 뒤집힌다. 반사면이 눈높이에 가까울수록 반영은 원래 물체와 닮게 된다.

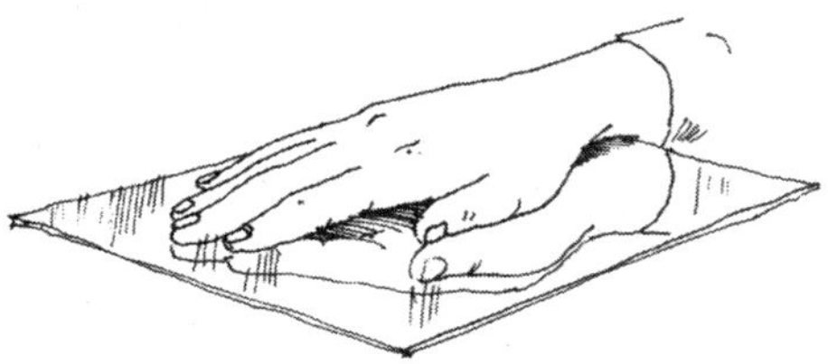

◆ 복잡한 물체의 반영

● 반영을 그리는 방법은 매우 간단하므로 아무리 복잡한 그림이라도 당황할 필요가 없다. 반영은 원래의 물체가 거울에 비친 것처럼 반대로 나타나는 것뿐이다. 완성될 때까지 한 번에 조금씩 그려 나가면 된다.

● 윤곽선

윤곽(Contour)은 형태의 경계로 정의된다. 이러한 정의에 따른 윤곽선이란 일반적으로 단지 경계의 바깥쪽을 의미하는 외곽선(Outline)과는 다르다. 윤곽선은 형태의 안쪽 또는 바깥쪽에 있는 모든 경계를 의미한다. 사물의 형태만 정확하게 그린다면 스케치의 50%는 이미 완성된 것이나 마찬가지이다. 입체적인 표현을 위한 틀을 사용하기 전에 윤곽선을 잡아내는 형태파악이 무엇보다 중요하다.

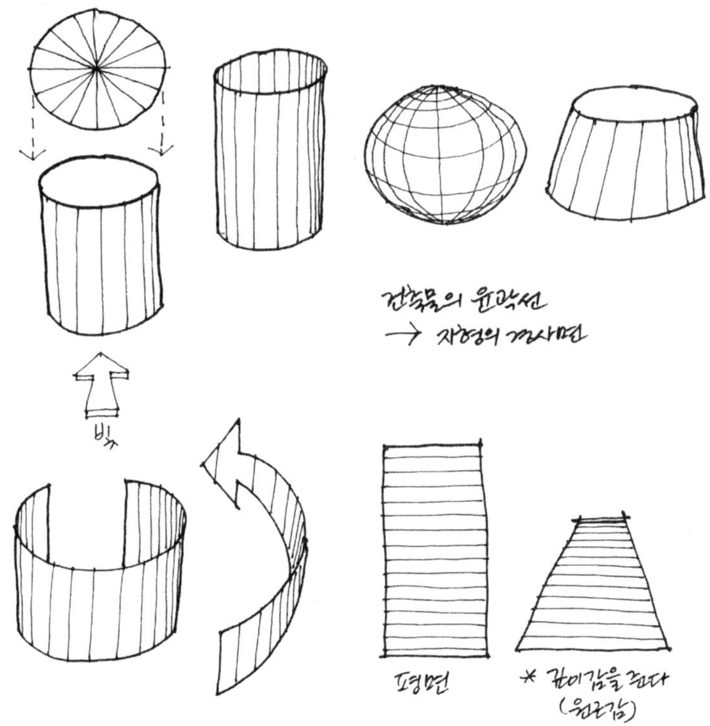

◆ 윤곽선(Contour Lines)

–물체의 표면을 둘러싸고 있는 선

–2차원적인 물체를 입체적이고 완전한 실제처럼 보이게 한다.

곡선 또는 원의 형태를 취하는 사물에 대해 형태를 표현하기 위에 많이 사용된다. 깊이에 따라 간격을 좁혀가며 그리면 곡면의 형태의 표현이 가능하다.

◆ 외곽선(Outline)

–경계의 바깥쪽 선

–2차원적인 표현

◆ 표면을 느끼자

–단순히 사물의 형태에 선만 긋지 말고 그 형태를 느껴 보자

–자동차든 사람의 얼굴이든 그 표면을 어루만지듯이 눈과 손으로 느껴 보도록 하라

–2차원적인 스케치를 3차원적인 실체로 보이게 하는데 효과적이다.

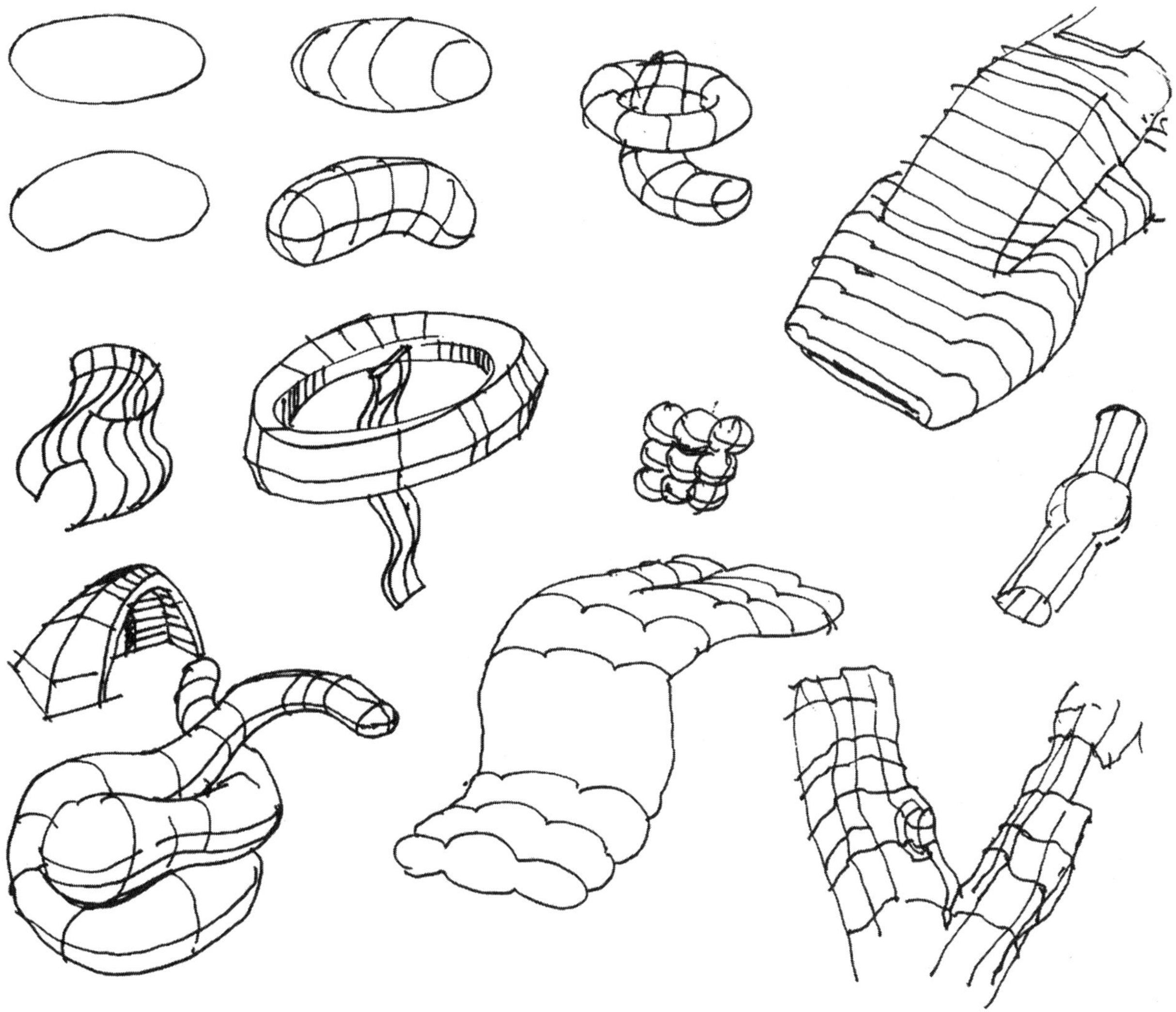

"사선 제한 내에서 최대 건축가능면적을 찾다보니
이런 형태밖에 나올 수 없는 것으로 사료되옵니다."

Other presentation elements

기타 표현요소 05

- 사람
- 나무
- 자동차
- 질감
- 글자
- 기호(화살표)

"그림을 그릴 줄 알려면 먼저 보는 법을 배워야 하는데, 드로잉을 하려면 보는 법을 배우게 된다." (믹 매슬런)

● 사람

우리가 그려야할 스케치는 대부분 사람이 이용하는 대상이라는 것을 명심하자. 초보자들은 대체로 인물을 지나치게 자세하게 그리려는 경향이 있어서 오히려 전체적인 스케치 느낌이나 완성도가 어색해 보인다. 적절한 사람의 표현은 스케치에 생동감과 위계를 부여할 수 있다.

◆ 인체의 비례

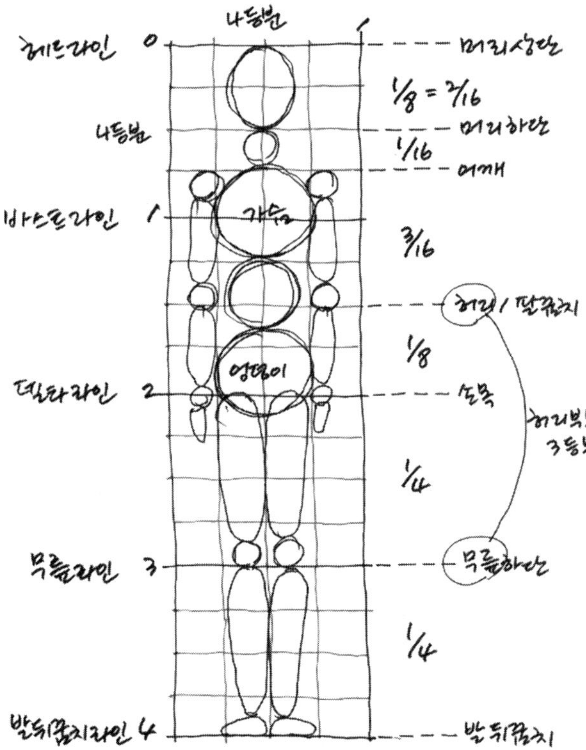

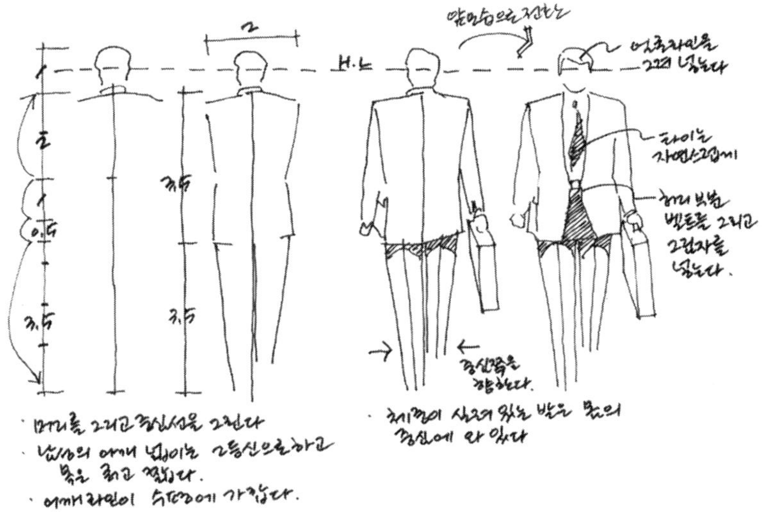

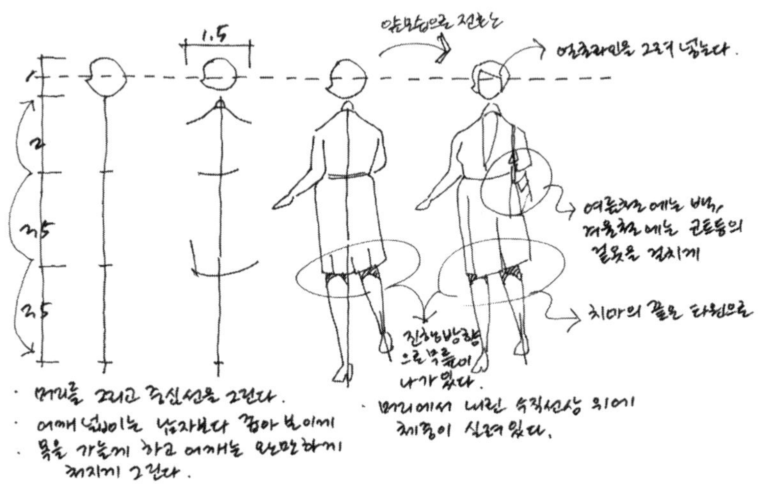

◆ 여러 가지 동작

사람의 동작에는 서기, 앉기, 걷기 등 여러 가지 동작이 있으므로 인체활동의 여러 가지 패턴을 미리 준비하여야 그림에 어울리는 사람을 쉽게 그릴 수 있다. 이때 중요한 것은 사람이 넘어지지 않기 위해서는 어딘가에 중심을 두어야만 서있을 수 있다는 것이다. 이해가 안 되면 사람관찰을 열심히 해보자 !!!

◆ 관절의 움직임

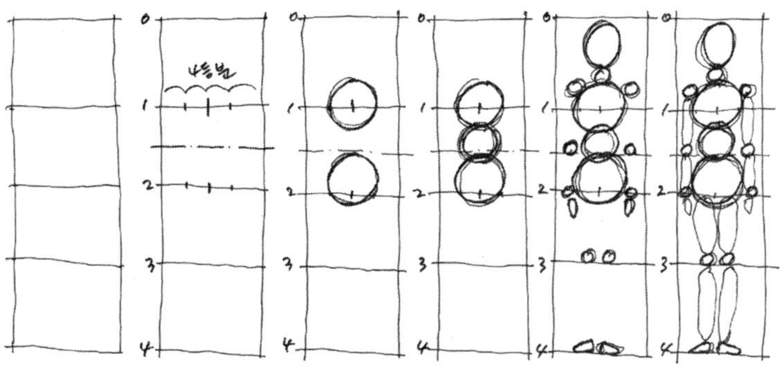

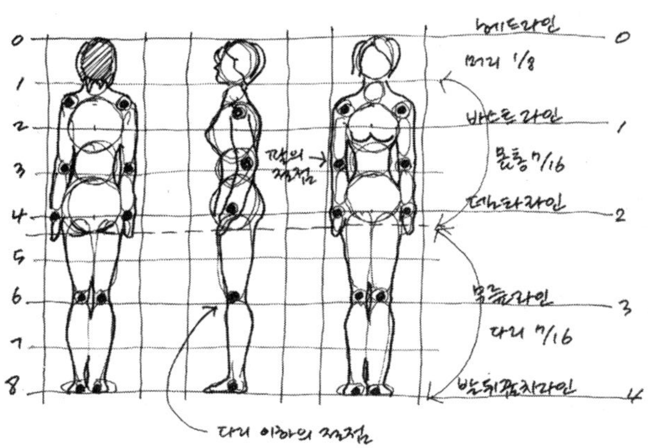

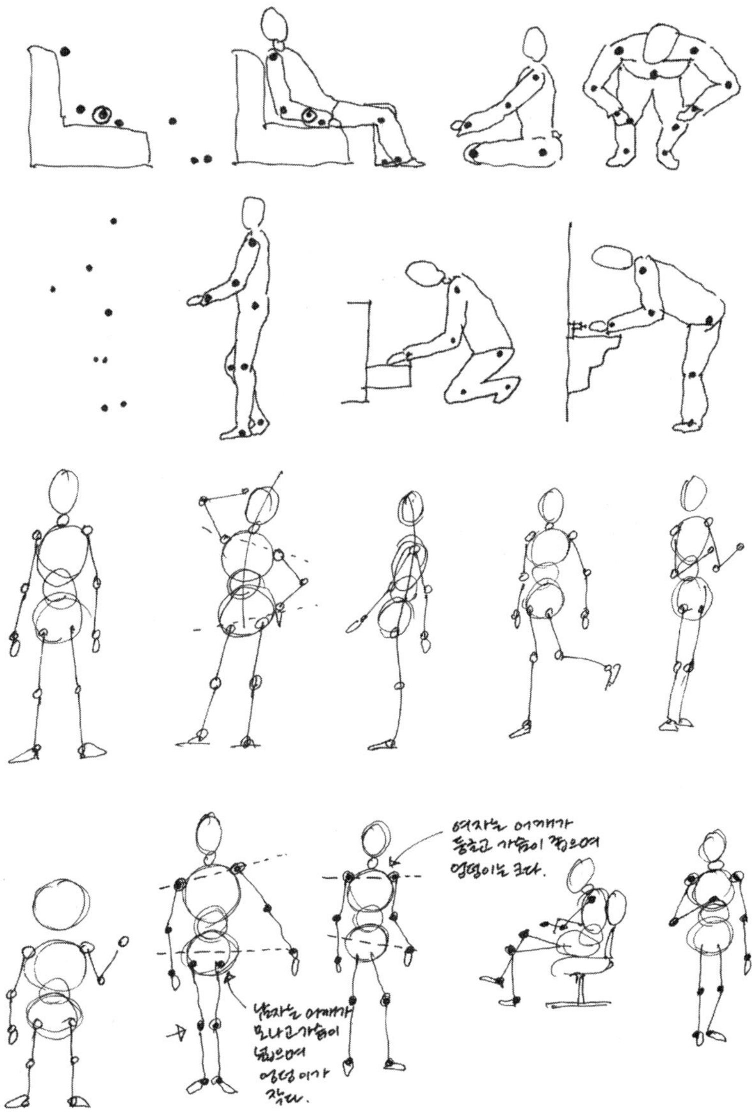

◆ 인체의 간략표현

건축스케치에 적용하기 위해서는 자세한 인물의 표현보다는 간략한 인물이 훨씬 유용하므로 간단하게 정리해보자. 사람의 단순한 표현은 머리부터 시작하여 몸통을 그리고 팔 다리를 빠르게 한 선으로 그린다.

※ 간단한 선으로 사람들의 여러 형태의 모습을 스크리블(Scribble)한 것들이다. 따라 해보면 재미있어요!

◆ 인체의 간략표현

인물의 크기는 달라지지만 비례가 달라지는 것이 아니다. 관찰자에 가까울수록 자세히 표현하고 멀어질수록 단순한 형태로 표현한다.

◆ 정교한 표현

※ 인체의 활동의 여러 가지 패턴을 고려해 두어 투시도의 분위기에 어울리는 사람을 그려 넣는다. 잡지나 신문의 인물사진을 모아서 여러 가지 상황을 묘사해낼 수 있도록 자신만의 그림기법을 개발해야 한다.

◆ 간략한 표현

※ 눈높이에 따라서 표현도 달라져야 한다.

순수 윤곽선 일러스트의 포인트는 그림을 그리기 전에 종이 위에 상상으로 미리 그려 보는 것입니다. 얼굴 크기부터 동작에 이르기까지 상상으로 먼저 그려보는 것을 '이미지 드로잉' 이라고 하며, 이미지 드로잉을 하는 습관을 갖게 되면 더욱 감각적이고 세련된 일러스트레이터가 될 수 있습니다. 보기 그림들은 앉아 있는 사람을 찍은 사진을 보고 그린 일러스트이며 검은색 색연필을 사용하여 A4용지에 가득 차게 그렸습니다.

● 나무

나무와 같은 사물을 재빨리 그릴 수 있다면 스케치를 완성하는데 많은 도움이 될 것이다. 나무를 잘 그리는 비결은 그 나무의 기본 형태를 파악한 후 여기 예시된 다양한 기법의 선으로 표현하는 것이다. 잘 표현된 나무는 스케치를 아름답게 만들어주는 훌륭한 요소이다.

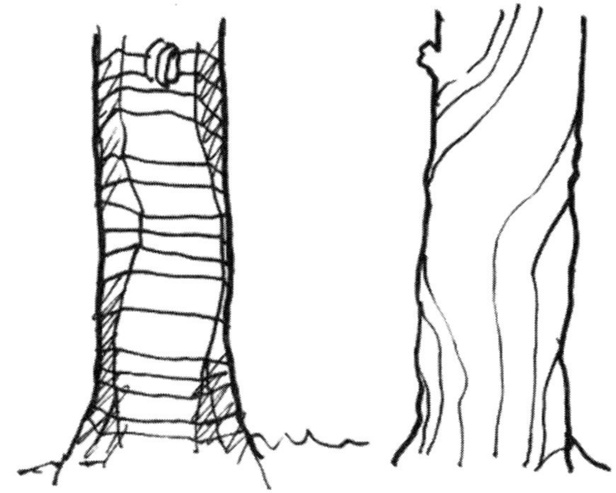

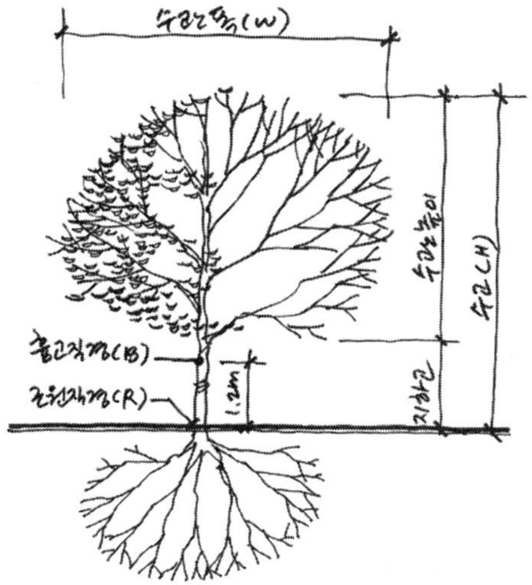

● 원칙

- 중심축을 가지고 있다.
- 수관은 대칭을 기본으로 표현
- 수관윗부분은 꼭대기 윤곽선 아래쪽은 그늘진 가장자리를 표현
- 나무줄기 표면의 간격을 윤곽선으로 표현하면 풍부한 표현을 가질 수 있음

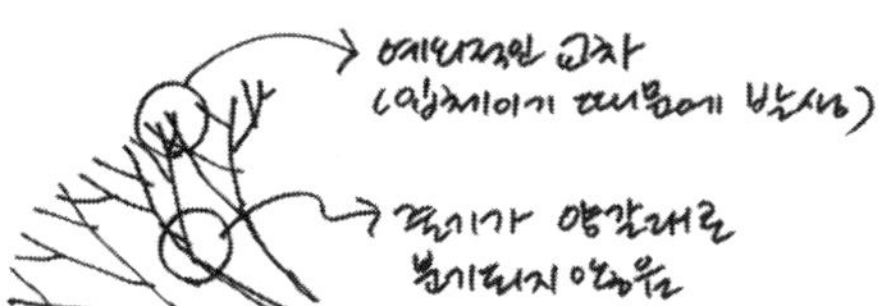

※ 점이나 축을 기준으로 대부분 대칭형으로 구성, 필요하다면 보조선을 작성한 후 표현하고 줄기, 나뭇잎, 꽃잎은 끝으로 갈수록 좁아짐

◆ 수목(평면)

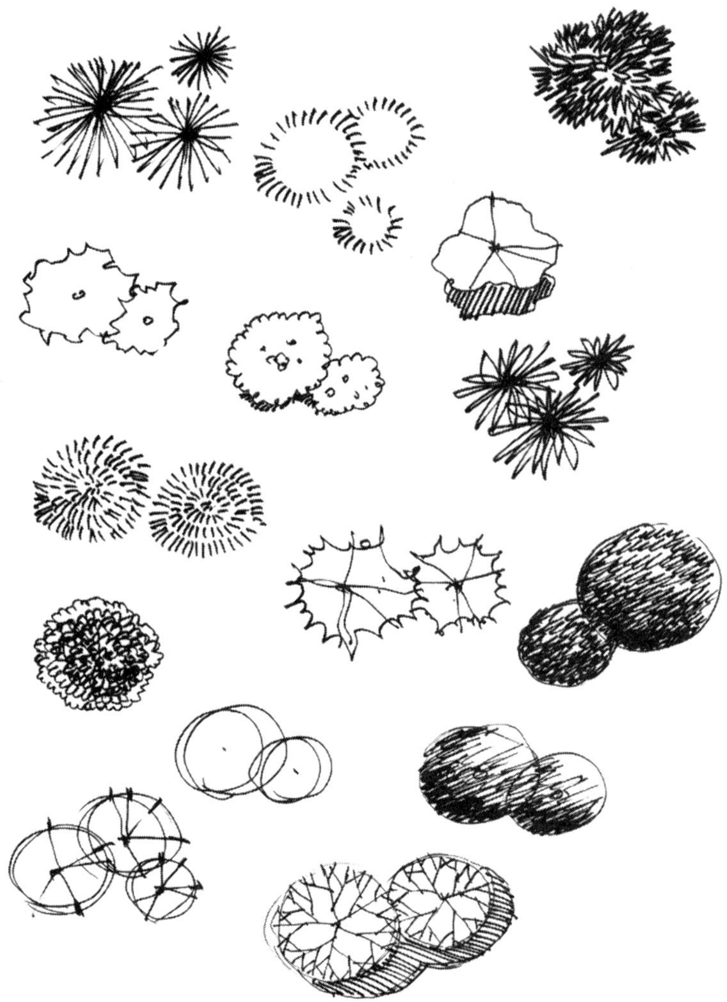

◆ 잎의 패턴

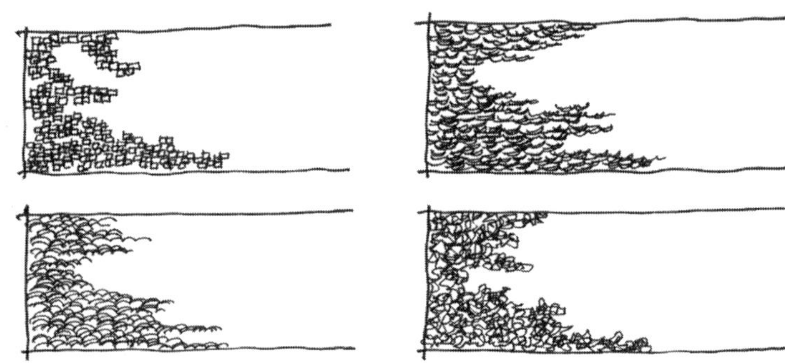

◆ 수목(입면)

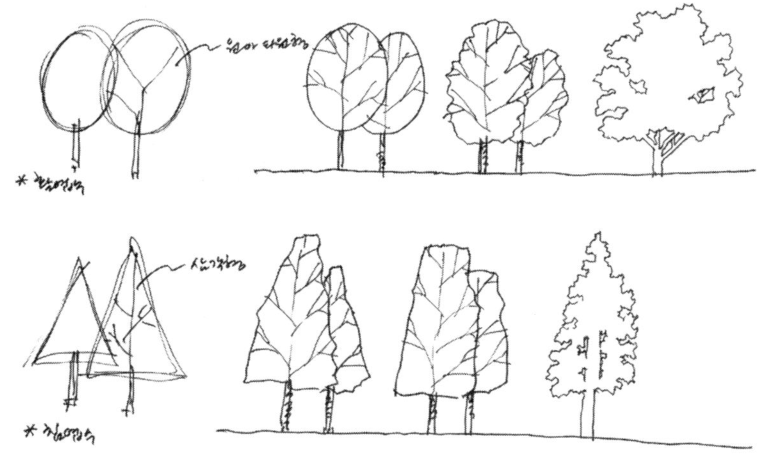

※ 필요한 경우 수목의 표현에 따라 아이디어 스케치에 생명을 불어넣는 중요한 요소 이기도 하다. 몇 가지 정도의 간단한 나무를 그릴 수 있도록 하자.

◆ 기타 수목표현

—활엽수

—침엽수

* 숲이나 나무를 신속하게 그리는 비결은 디테일을 표현하는 것이 아니라 나무나 숲의 느낌을 나타내는 것이다.

◆ 수목의 표현 순서

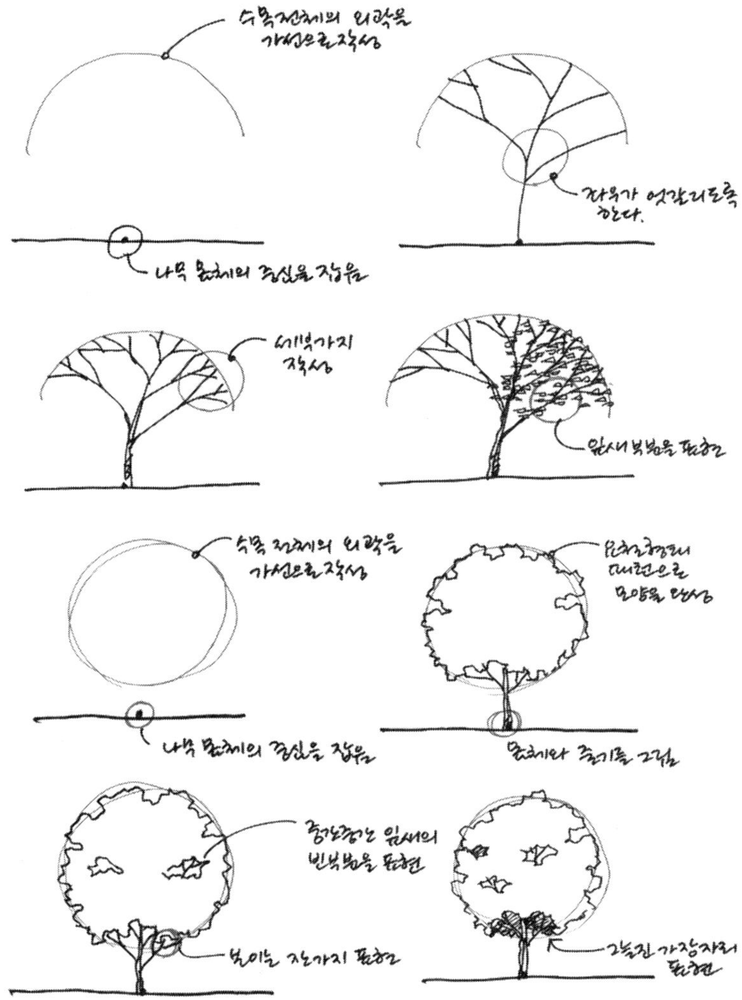

● 지피식물의 표현

● 자동차

자동차는 스케치의 스케일 감을 살려주는 중요한 요소 중의 하나이다. 우리가 늘 접하는 것이지만 막상 그리려 하면 그 모양새를 갖추기가 쉽지 않은 것이 자동차이다.

◆ 자동차의 표현 정도

기본적인 형태만 나타내고 불필요한 디테일을 생략해야 한다. 아이디어를 전달하기 위해 자동차의 세부사항이 필요한 경우를 제외하면 불필요한 디테일에 시간 낭비하지 않는 것일 좋다. 스케치에 있어서 부수적인 사물들의 역할은 그림을 돋보이게 하고 신속한 시각화의 배경이 되는 것이다.

◆ 자동차의 비례

비록 개략적인 표현을 하더라도 자동차의 외형적인 구조와 비율, 바퀴의 위치 등의 기본적인 비례는 올바르게 표현해야 한다. 승용차의 표준적인 치수는 너비 1.6~1.8m, 높이는 1.3~1.4m, 길이는 4.5~5.5m 정도이다.

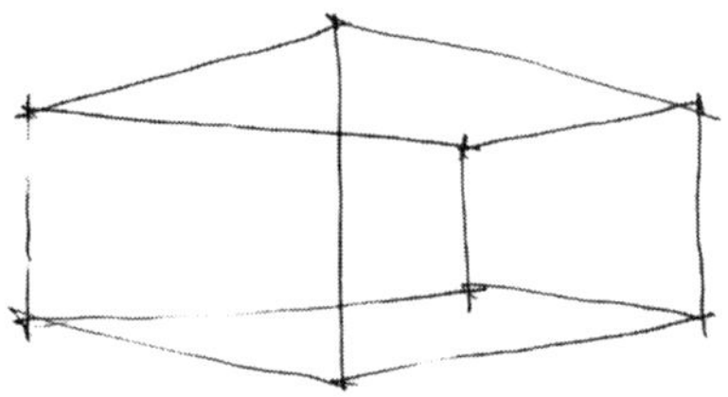

● 항상 기본적인 육면체에서 시작한다.
(투시도 소점적용)

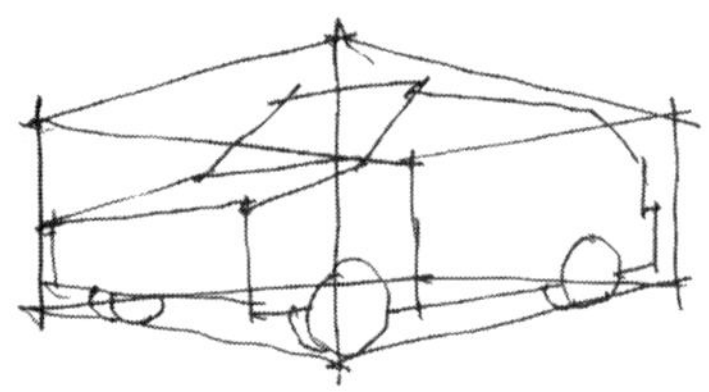

● 너무 개략적임

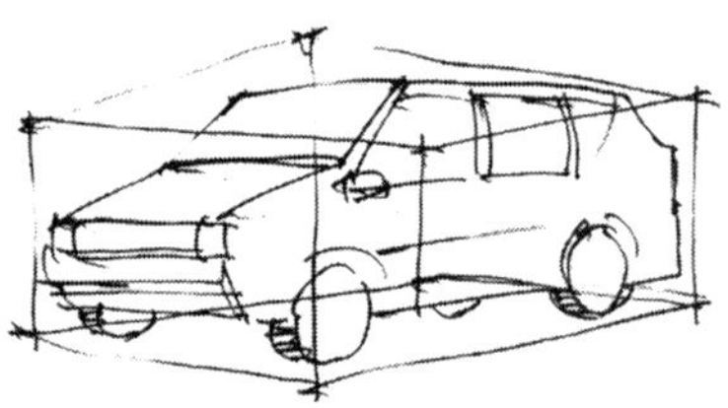

● 적당!

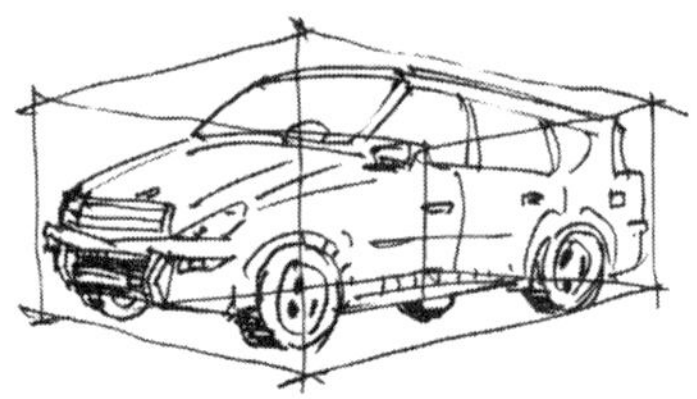

● 너무 디테일함

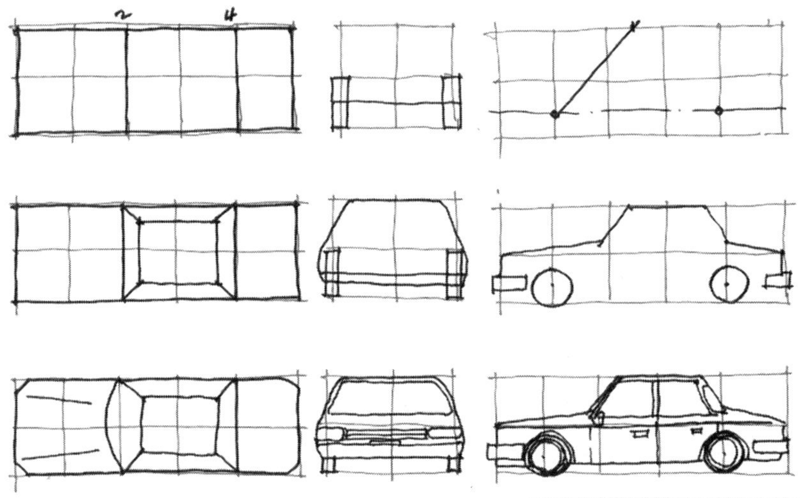

◆ 자동차의 표현 순서

1단계: 수평으로 보조선을 긋고 모서리 중심선을 그은 다음 좌우로 기울기 선을 잡아 준다 (이때 각을 절대 크게 잡으면 안 된다). 각을 크게 잡게 되면 위에서 내려다본 조감 형태가 되기 때문에 주의한다.

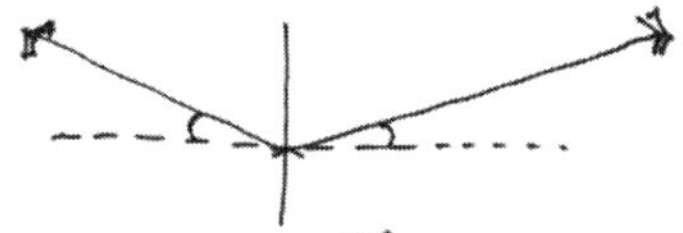

2단계: 하부 동체의 높이 값을 결정해서 직육면체의 형태로 박스를 그리고 박스의 중심보다 조금 앞쪽의 위치에 선을 나눠준다.

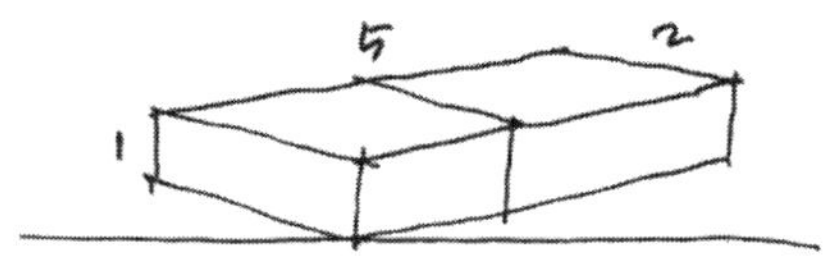

3단계: 범퍼와 몰딩라인을 잡아주고 앞유리 끝선에서 약 45도 각도로 사선을 그은 다음 나머지 지점의 선들도 위쪽으로 모이는 느낌으로 올려 그어준 다음 창의 높이를 설정해 사다리꼴이 되게 만들어준다.

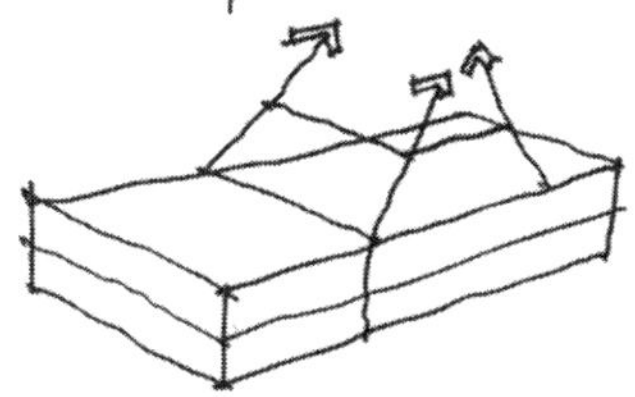

4단계: 지붕을 약한 곡면으로 마무리해주고 바퀴를 그려준다(이때 바퀴 선은 원이 아니라 타원형이 되어야 한다는 것에 주의한다). 앞 뒤 바퀴의 위치를 유심히 보아두도록 한다.

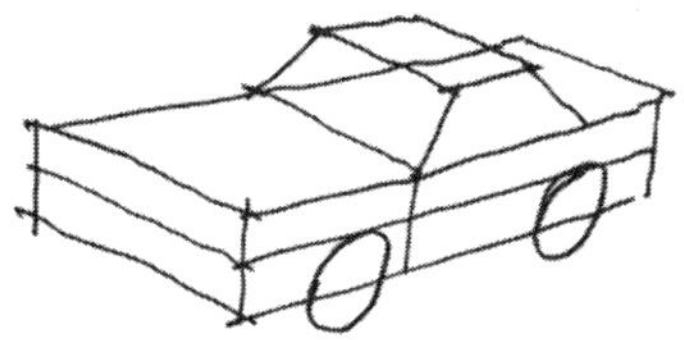

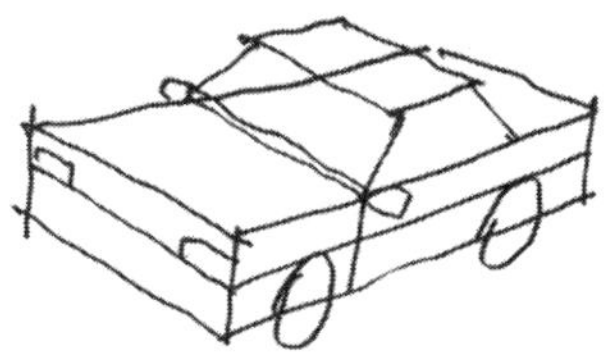

5단계: 바퀴의 두께 값을 잡아주고 사이드 미러와 헤드라이트를 표시해 준다.

6단계(완성): 입체적인 효과를 위해 유리면의 명암과 차 밑 그림자를 추가해준다. 이때 그림자의 폭은 차체의 폭을 넘어가지 않게 한다.

◆ 기타 자동차의 표현 사례

●자동차도 간단한 선으로 스크리블 해보자!

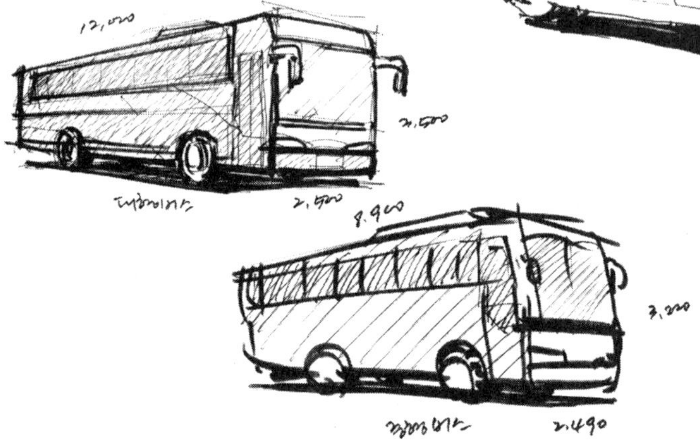

● 질감 (texture)

다양한 소재 및 질감을 표현할 수 있다면 더욱 실감나는 스케치를 완성할 수 있다. 재료의 실제 모양과 유사한 느낌을 주는 패턴을 찾아보자. 자세하고 세밀한 정도는 도면의 크기와 축척에 따라 좌우된다. 이러한 패턴은 재료뿐만 아니라 대부분 건축에서 표현되어지는 하늘이나 구름 등을 단순한 형태로 변환되기도 한다. 이런 효과들로 인해 스케치 하고자 하는 대상을 더욱 강조할 수 있으며 스케치를 풍부하게 할 수 있다.

◆ 여러 가지 패턴들

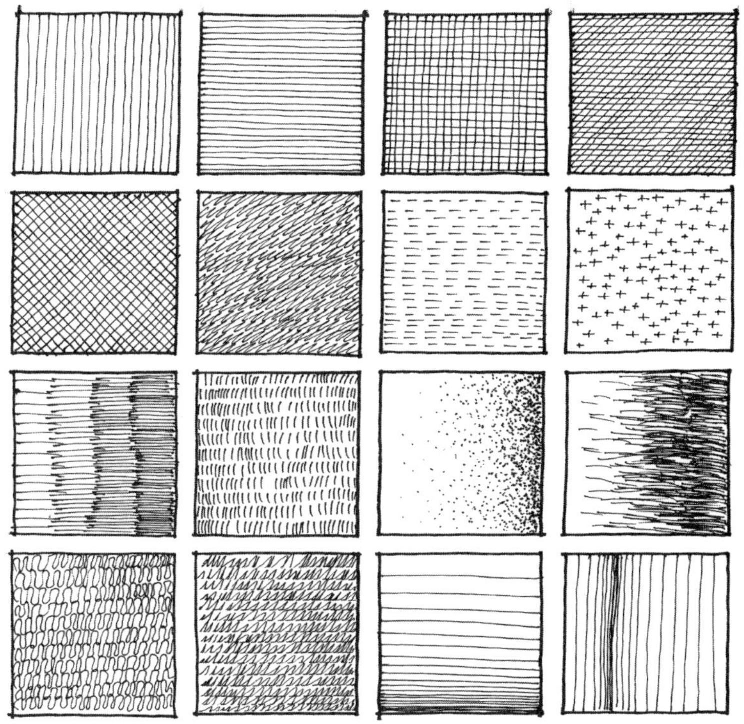

◆다양한 패턴의 조합으로 다양한 표현을 얻을 수 있다.

◆ 다양한 배경표현들

질감표현중 배경이 되는 하늘이나 지반을 다양한 느낌으로 표현함으로써 대비효과 또는 빈 여백을 채움으로 인해 균형 잡인 스케치를 하게 된다. 자칫 밋밋할 수 있는 그림을 더욱 화려하게 만드는 도구로서 활용도가 매우 높다.

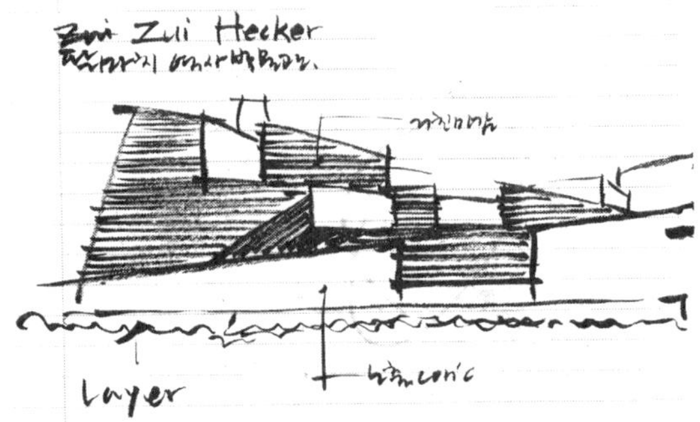

● 글자

글자는 스케치를 표현하는 하나의 요소이다. 일정한 정자체를 사용하는 것이 효과적이며 시간 단축을 위해 빨리 쓸 수 있도록 연습해야 한다. 못 쓰는 글씨는 글씨 하나하나를 보면 일관성이 없는 경우가 대부분이다. 최소한 글자의 높이와 크기가 일정해야 한다.

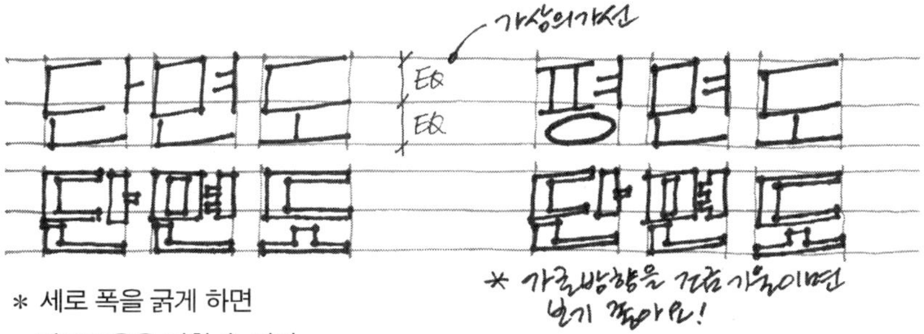

* 세로 폭을 굵게 하면 단조로움을 피할 수 있다.

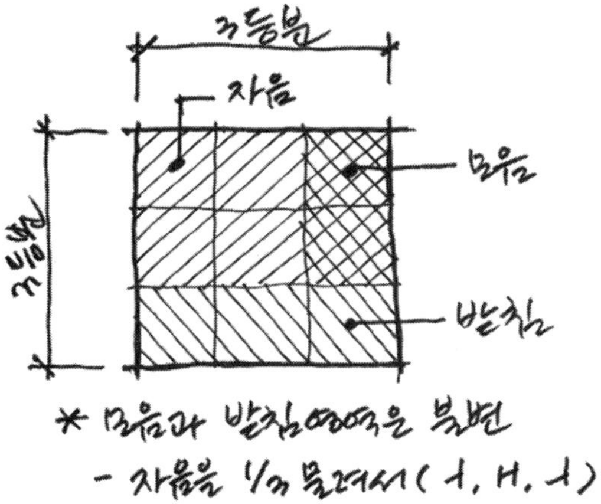

* 모음과 받침영역은 불변
– 자음을 1/3 물려서(ㅓ, ㅐ, ㅢ)

※ 건축레터링

– 읽기 쉽고 일관되게 쓰는 것이 중요
– 통일성을 위해 기준선을 사용
– 글씨에서 처음과 끝을 강조하고 선이 만나는 부분을 제도 할 때처럼 약간 겹치게 쓸 것
– 수평선은 약간 비스듬하게, 선이 아래로 향하면 글자가 따분해 보임
– 원을 그릴 때는 풍선처럼 부풀림
– 글자 사이의 여백에 주의

* 수직선은 항상 수직, 가로선은 기울여서 쓴다.

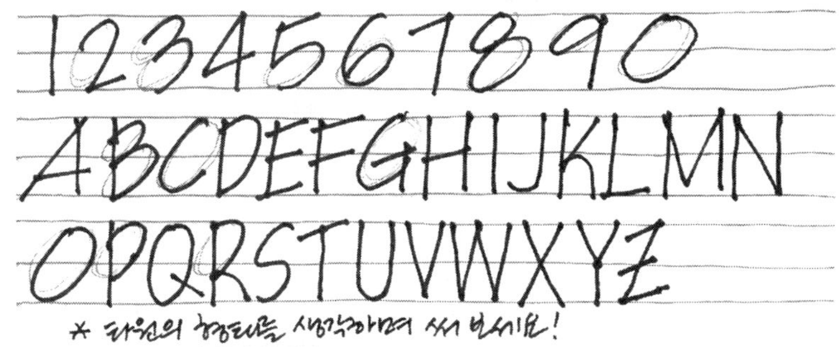

배치도 1층 평면도
1234567890 ABCDEFGHIJKLM
FREEHAND SKETCH MODULE PRESENTATION RAMP HOLDER
Presentation Sketch Community Terrace Floor Layout Ramp Scale Elevation

E= ABCDEFGHIJKLMN
OPQRSTUVWXYZ

E= ABCDEFGHIJKLMN
OPQRSTUVWXYZ

E= ABCDEFGHIJKLMN
OPQRSTUVWXYZ

E= ABCDEFGHIJKLMNOPQRSTU
VWXYZ 1234567890

E= ABCDEFGHIJKLMNO
PQRSTUVWXYZ

E= ABCDEFGHIJKLMN
OPQRSTUVWXYZ

E= ABCDEFGHIJKLM
NOPQRSTUVWXYZ

E= ABCDEFGHIJKLMNOPQRSTUV
WXYZ 1234567890

E= ABCDEFGHIJKLM
NOPQRSTUVWXYZ

E= ABCDEFGHIJKLMNOP
QRSTUVWXYZ

ABCDEFGHIJ
KLMNOPQRS
TUVWXYZ
1234567890

ABCDEFGHIJKLMN
OPQRSTUVWXYZ !?
1234567890

● 기호 (화살표)

화살표는 다양한 시각적 표현이 가능한 그래픽적인 요소이다. 동선의 흐름이 나 시설물간의 상호 관계표현 등의 활용은 무궁무진하다고 생각된다.

◆ 다양한 화살표의 표현

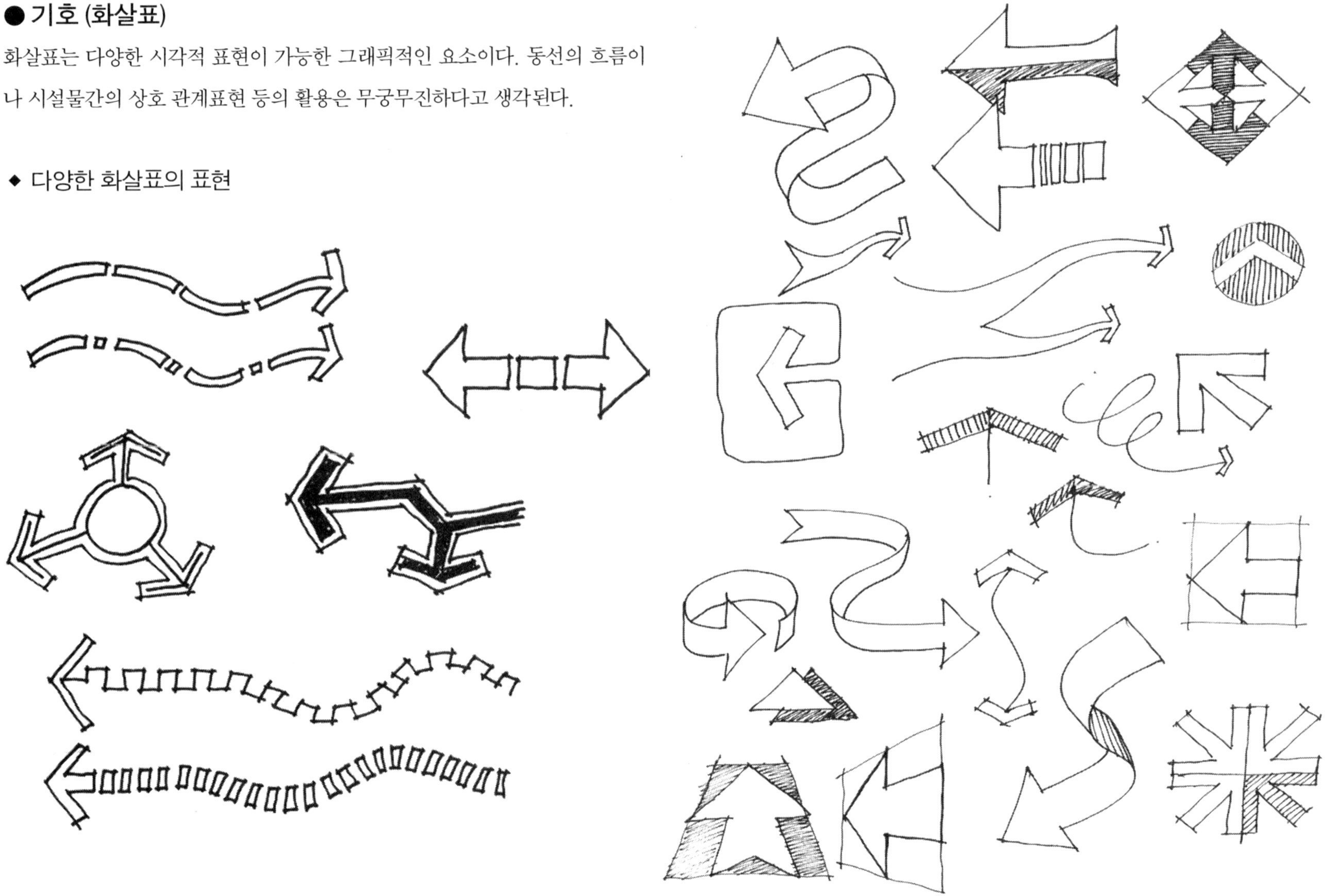

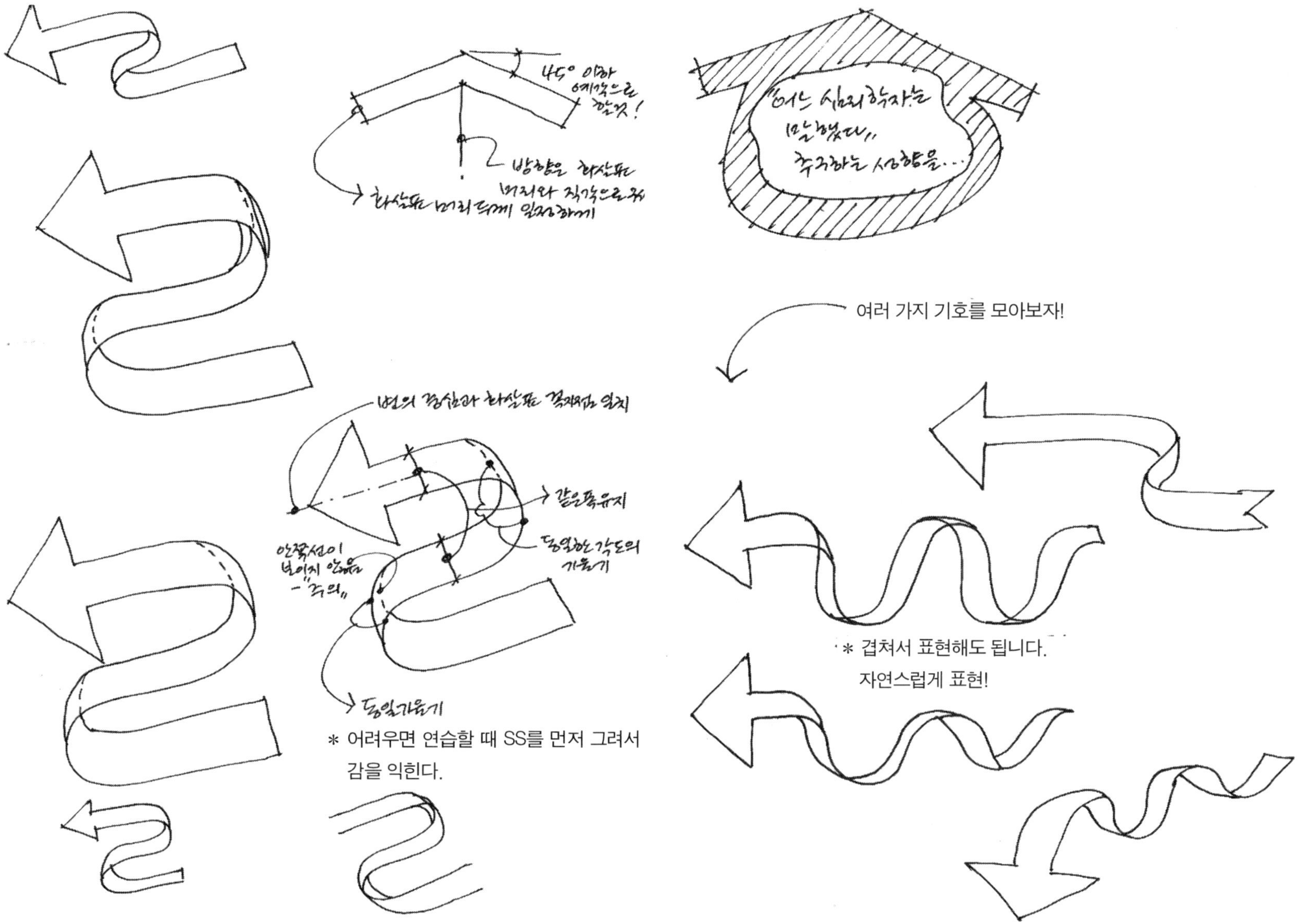

여러 가지 기호를 모아보자!

* 어려우면 연습할 때 SS를 먼저 그려서 감을 익힌다.

* 겹쳐서 표현해도 됩니다. 자연스럽게 표현!

Sketch exercise

스케치 종합연습 06

- 스케치 잘하는 요령
- 단계별 스케치 요령
- 그리드를 이용한 스케치 연습
- 사진을 이용한 스케치 연습

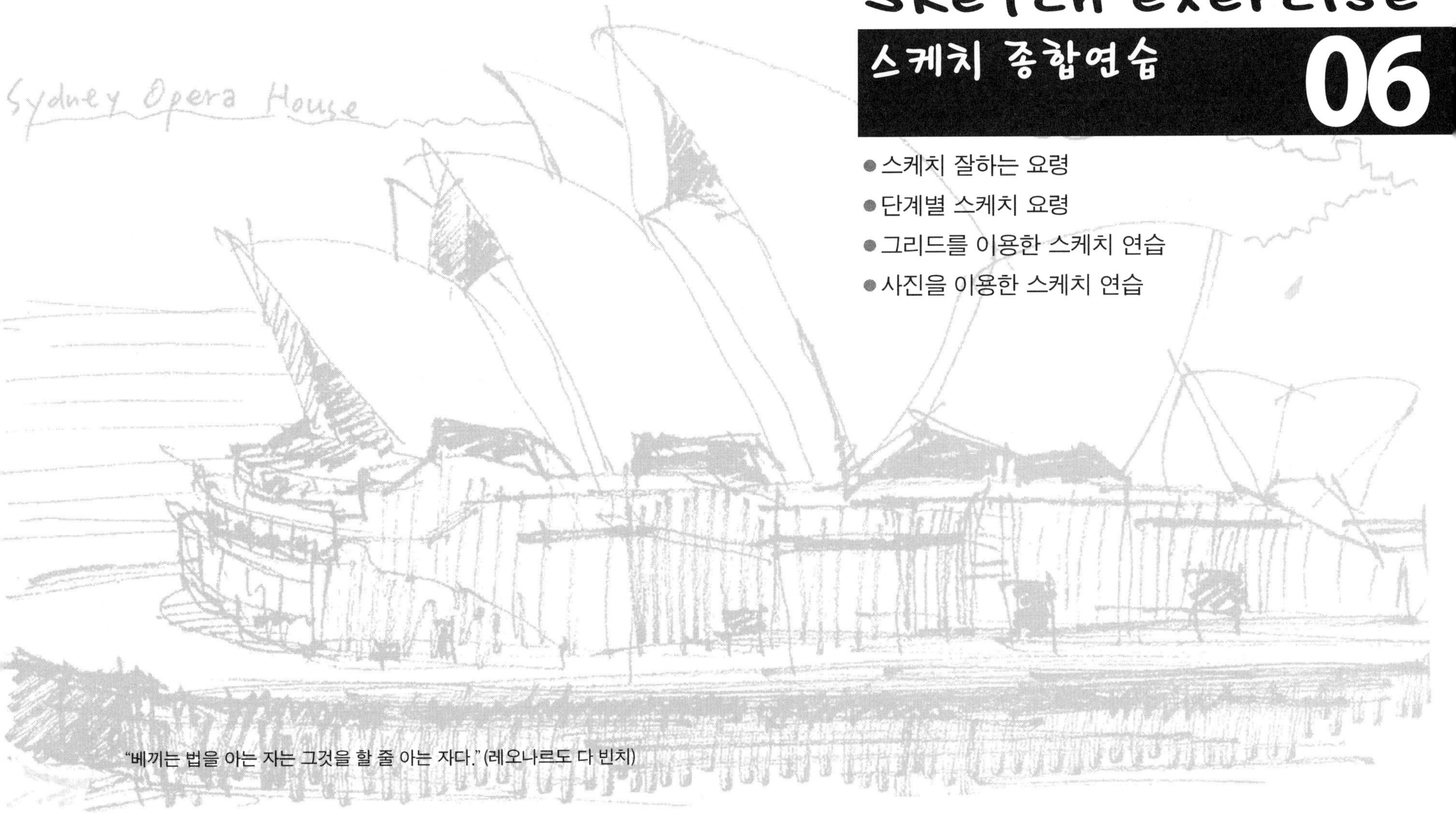

"베끼는 법을 아는 자는 그것을 할 줄 아는 자다." (레오나르도 다 빈치)

● 스케치 잘하는 방법

◆ 두려움을 없애자!

많은 사람들이 스케치를 잘 하고 싶지만 그리지 못하는 이유를 자신은 스케치를 못하기 때문이라고 생각한다. 그러난 사실은 두려움 때문이다. 자신의 실력이 눈높이 수준에 따라가지 못하는 현실을 받아들이기가 두렵고, 자신의 수준을 알지 못하기에 무엇을 어떻게 그려야 할지 몰라 무작정 시작하기가 두려운 것이다. 본질을 생각해보면, 그것은 그려보지 않았고, 훈련하지 않았기 때문이다. 경험하지 못했기 때문이다. 연습하고 훈련하고 경험한다면 누구나 잘 그릴 수 있다. 시작은 연습과 훈련을 통해 습득되어지는 기술과목과도 같다. 기술을 먼저 습득해야 그리기가 수월해진다.

스케치를 잘 하고 싶지만 직선 하나를 긋는 것조차도 두려워 스케치를 못하는 사람은 정말 직선을 긋는 것이 어려운 것이 아니다. 그 간단하고 쉬운 직선조차 내 마음대로, 내 의지대로, 내 생각대로 그려지지 않는다는 뜻일 것이다. 그 만큼 두려운 것이다. 스케치를 한다는 것이 그렇다면 그 두려움은 어디서 온 걸까? 그것은 무엇을 그려야 할지 모르는 막연함에서 온다. 스케치는 대단하고 특별한 것에서 시작되지 않는다. 우리의 일상에서 시작된다. 의미 없는 것들도 스케치로 그려지면 의미가 생긴다.

※ 좋아하는 규칙 세 가지
자기가 좋아하는 것을 그린다.
그리고싶은 펜으로 그린다.
자신이 선호하는 스타일과 방식 그리고순서대로 그린다.

◆ 펜으로 스케치하면 좋은 점

연필은 멋진 스케치 도구다. 지우개는 분명히 쓸모가 있다. 하지만 지우개가 있으면 막상 스케치하는 시간보다 지우는 시간이 더 많아진다는 것이다(이러한 경향은 어른이나 아이나 다르지 않은 것 같다). 처음부터 펜으로 그릴 때는 아예 지우개를 쓸 수가 없다. 그래서 스케치 자체에 집중하는 효과가 생긴다. 펜이 무서운가? 그럴 수도 있다. 그런데 펜을 쓰면 의외로 그림을 마음 가는대로 그릴 수도 있다. 밑그림 없이 펜과 잉크를 쓰면 누구나 당연히 실수를 한다. 그래서 완벽하게 그리려는 마음을 내려놓게 된다. 실수에 대한 두려움이 사라지면 더 좋은 스케치가 나오는 법이다.

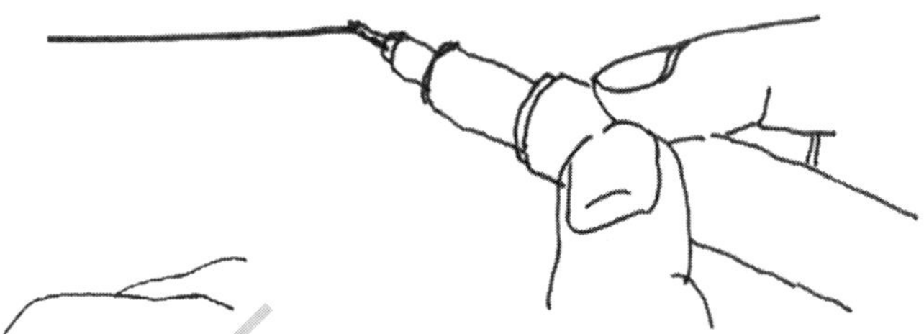

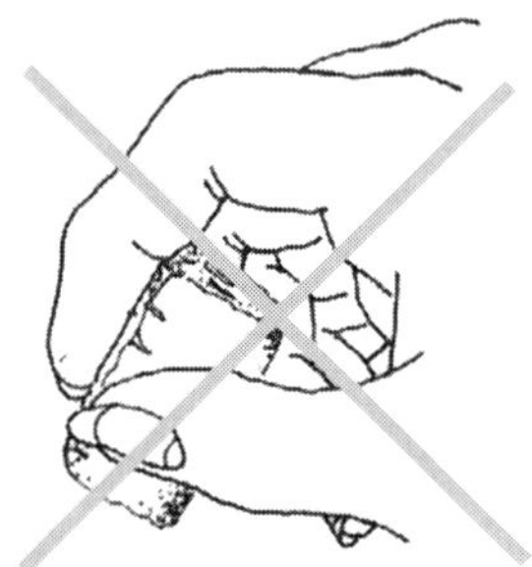

"왜 스케치를 하는가?" 내 자신을 가장 잘 표현할 수 있는 방법이다.

◆ 보는 방식을 바꿔라!

그리기의 중요한 점은 완성된 작품보다는 그리는 과정에서 즐거움을 얻는 것이다. 그릴 때 "대상을 잘 보세요." 사물을 보는 방법이 중요한 열쇠라는 뜻이다. 스케치를 못하는 사람들 대부분은 '보는 일' 에서 실패하고 있습니다. 즉 사물을 묘사하는 것은 보는 행위와 같습니다.

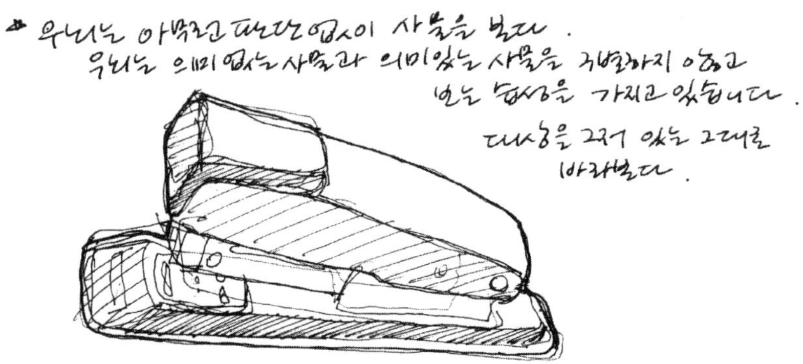

◆ 왜 옮겨 그리기가 중요할까?

미술의 역사를 살펴보면, 서양의 르네상스 시대나 일본의 옛 시대부터 묘사는 그림 공부의 중요한 방법이었습니다. 똑같이 옮겨 그리는 과정을 통해 정확한 선, 비율 등을 몸으로 기억 하는 것 입니다. 처음에는 입체적인 것보다 2차원 모티브를 옮겨 그리는 것이 사물을 파악하기 쉽습니다. 우선은 그리는 것에 익숙해지고, 그리기를 즐기는 것이 중요하다.

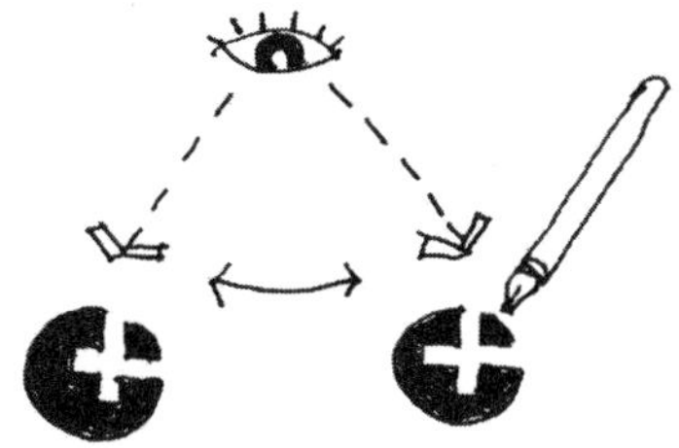

루빈의 컵.

◆ 사물의 윤곽을 따라 그리기!

입체적인 사물을 바라보고 그 윤곽선을 그려봅시다. 대칭 상태를 면밀하게 보되, 그리는 부분을 보지 말고 천천히 선을 긋습니다. 이상한 그림이 나오더라도 실패한 것이 아닙니다. 선에 집중하는 것이 중요합니다.

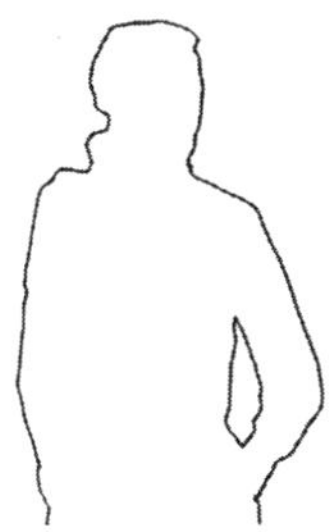

◆ 균형을 잡으며 그리자!

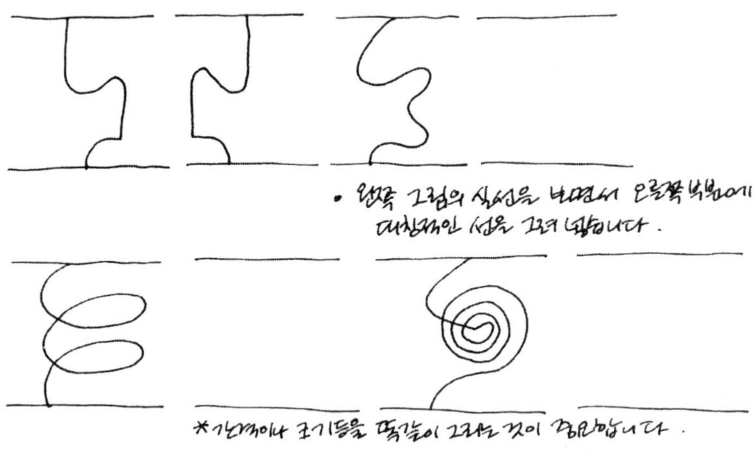

◆ 그림을 거꾸로 놓고그려라.

똑바로 놓고 그릴 때 보다 형태를 잡기가 어렵지 않다는 사실을 깨달을 것이다. 이것은 거꾸로 놓아 의미를 없어진 선을 그려서 우뇌를 작동하게 쉽게 만드는 과정이다.

◆ 그리드 드로잉–그림을 분할해서 그려라

한 그리드씩 집중해서 그립니다. 이때 다른 그리드가 보이지 않도록 합니다. 보이는 것은 그리고 있는 그리드 뿐, 나중에 어떤 식으로 완성되는 가는 그리고 나서 알게 되는 즐거움 입니다. 선에만 집중하여 집중력을 키웁니다.

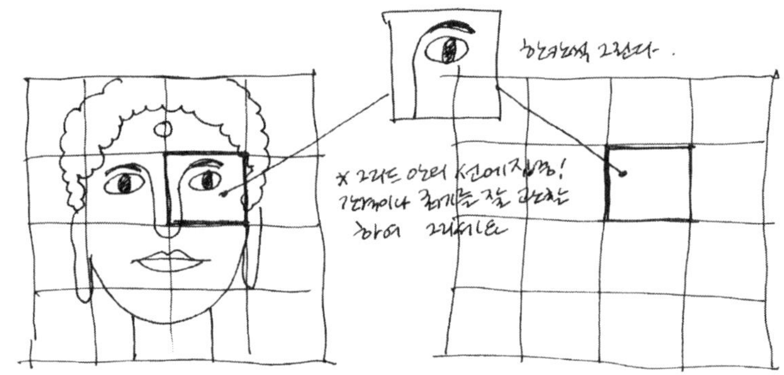

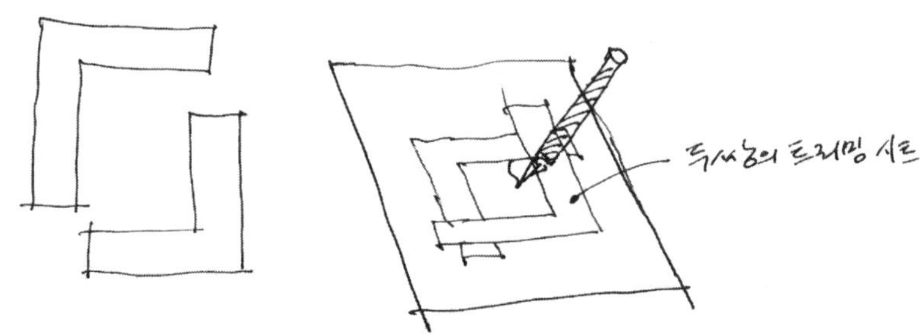

◆ 비례를 고려하여 사물그리기

먼저 그리고자 하는 대상의 기준이 되는 선을 정합니다, 그리고 그 길이를 기준으로 다른 길이의 비율을 고려하여 선을 그립니다. 대부분 그리기에 실패하는 이유는 비례가 깨지면서 실제와 다르기 때문에 실망을 많이 하게 됩니다. 아래의 그림처럼 기준선을 정하고 주변의 사물들을 하나씩 그려봅시다. 간단한 것부터 시작해서 점차 복잡한 사물에 도전해보세요.

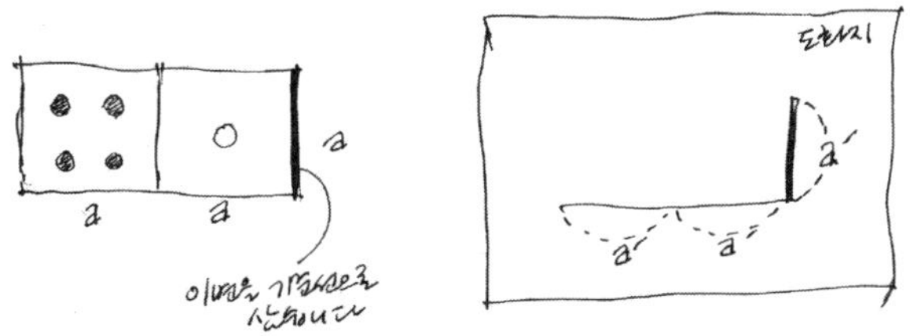

1.

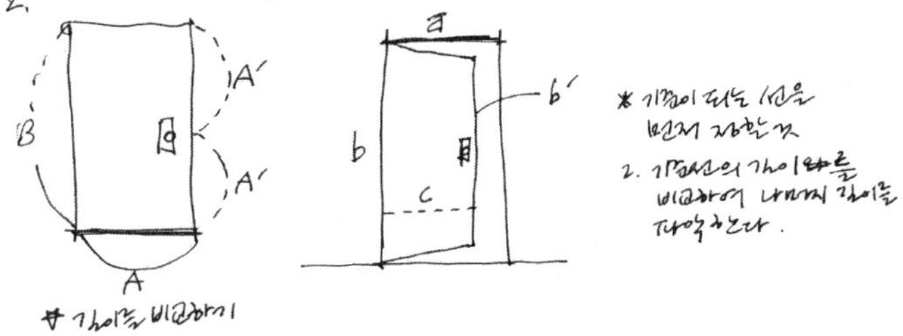

2.

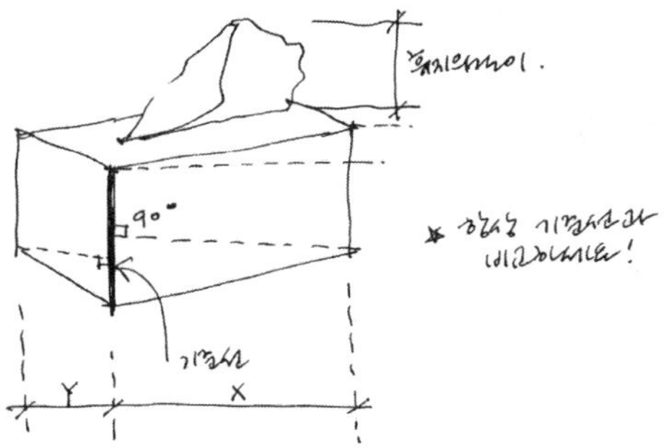

3.

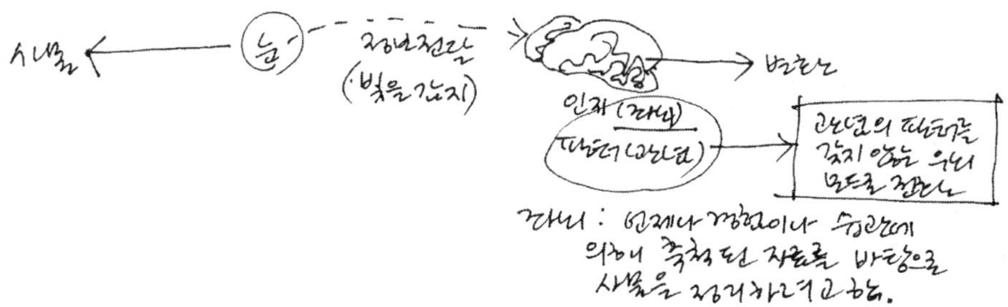

◆ 손 바꿔 초상화 그리기!

평소 잘 쓰지 않는 손을 사용해서 얼굴을 그린다. 그리는 시간의 60%는 얼굴을 관찰하고, 나머지는 40%는 종이를 보는데 쓴다.

◆ 순서대로 그려라.

– 종이 전체를 계획
– 기준선을 그리고 기하학적으로 배치
– 대담하게 그림을 그림
– 비례, 전체적인 조화, 여러 요소들의 위치 등을 다시 한 번 비교검토
– 디테일 단계 : 전체적인 조화를 생각하면서 각 부분을 마무리

"좋은 스케치는 의도와 아이디어를 명확하게 전달하는 것이다. 예술적이거나 아름답게 표현해야 반드시 "좋은" 드로잉이 되는 것은 아니다. (예술가는)스케치 과정에서 스케치 의도에 도움이 되지 않은 내용은 편집하거나 생략한다. 이러한 편집 과정을 통해 관점이나 디자인 특징 측면을 강조함으로서 아이디어를 구체화 한다."

"드로잉은 바라보는 연습이다. 말하자면 요가와 비슷하다. 요가를 하면 근육이 강해지고 균형 감각이 생긴다. 드로잉은 '눈으로 하는' 요가다. 사물을 바라보는 근육에 힘이 생기고, 고요하게 정신을 모아 집중함으로써 우리의 복잡하고 정신없는 생활에 균형 감각을 가져다준다."

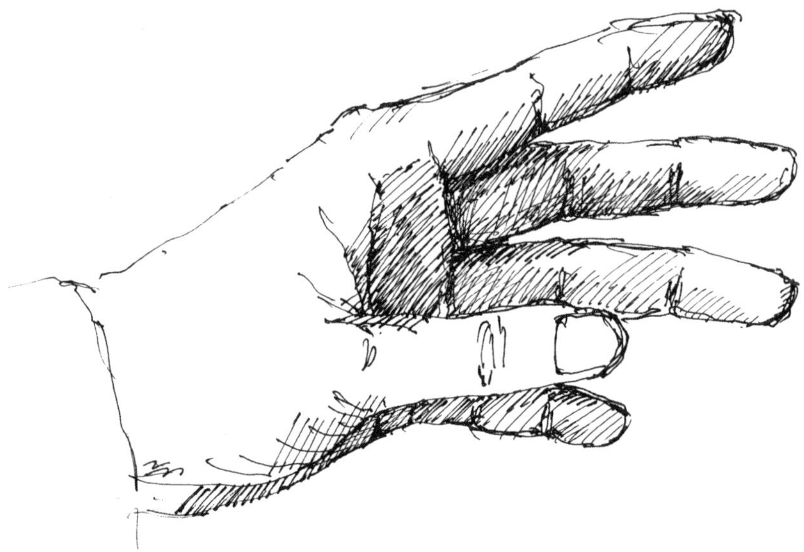

※ 자신의 손을 그려 둡니다.

연습을 시작하기 전에 할 일이 있습니다. 자신의 손을 한 장 그려 보는 것 입니다. 마지막 단계에서 완성한 그림과 비교해 볼 겸 출발점도 표시할 겸 그려 봅시다. 이 책 내용을 모두 연습한 뒤에는 그림이 어느 정도 달라질까요?

● 단계별 스케치 요령 -1

기준선을 설정하여 비례측정을 하여 기본 형태를 먼저 잡아내는 것이 제일 중요하며 기본형태위에 세부사항을 추가하고 입체적인 표현과 부수적인 표현을 추가하여 마무리 한다.

1. 형태와 틀을 그린다.

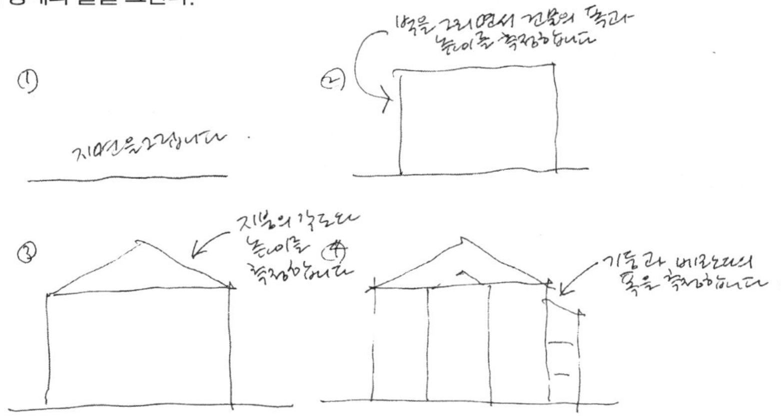

2. 기둥을 그린다.

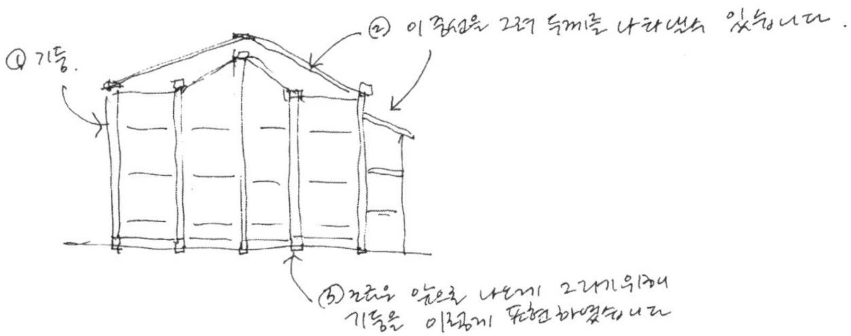

▶ 전체의 형태와 틀을 그린다.

- 지면을 그린다.
- 벽을 그리면서 건물의 폭과 높이를 측정한다.
- 지붕의 각도와 높이를 측정하여 그린다.
- 기둥과 기타 돌출부분의 폭을 측정하여 그린다.

▶ 기본형태위에 주요부분을 추가로 정리한다.

▶ 입체적인 표현 및 부수적인 표현 추가

- 명암표현 및 그림자 넣기
- 부수적인 표현(사람, 나무 등)

3. 장식적인 디테일을 그린다.+ 그림자 넣기 + 부수적인 표현

● 단계별 스케치 요령－2

전체적인 큰 틀을 완성하고 스케치에 생명력을 불어 넣기 위해 부수적인 표현들과 명암을 적용하여 스케치를 완성해 보자.

1. 형태잡기(사진의 비례를 고려하면서 전체의 형태의 윤곽선 적용)

2. 부수적인 표현을 추가(사람, 나무, 자동차등)
   －불필요한 가로등은 없애는 것이 좋다

3. 입체적인(명암 및 그림자 등) 표현 및 세부묘사 추가

● 그리드를 이용한 스케치 연습

그리드가 그려진 왼쪽사진을 보고 하나의 그리드에 집중해서 스케치를 완성하는 연습을 해보도록 하자. 먼저 형태를 완성한 후에 입체감 표현을 위해 명암이나 부수적인 표현들을 해보자. 비례감각이 키워지면 그리드 없이도 스케치를 자연스럽게 할 수 있을 것이다.

* 직접 그려보세요

● 사진을 이용한 스케치 연습

왼쪽사진으로 라인드로잉으로 그린 오른쪽 스케치에 명암을 표현해서 입체감을 부여해보자.

※ 비례를 적용하여 스케치가 하기 힘든 경우 그리고자 하는 이미지를 트레이싱페이퍼로 라인드로잉을 하여 명암표현 또는 질감표현을 하면 자신감이 생기게 된다.

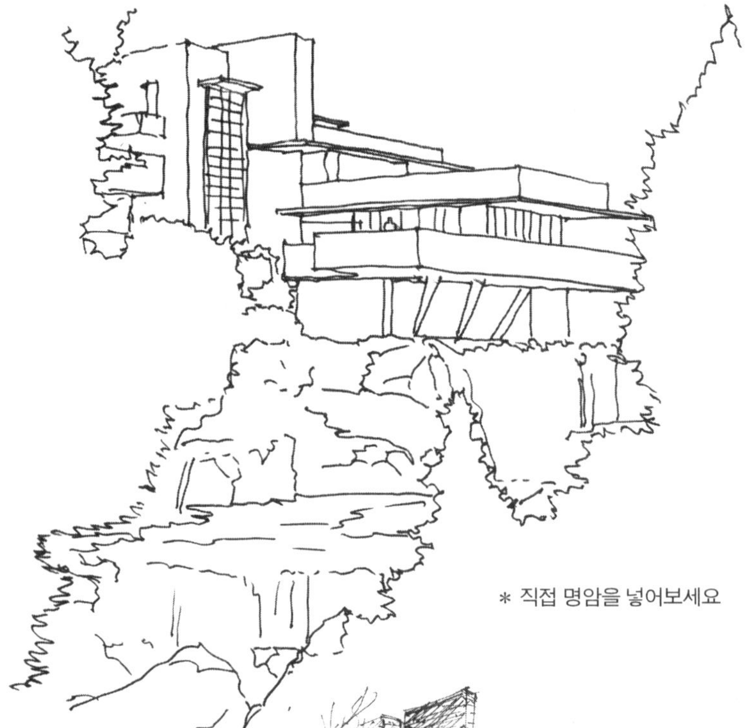

* 직접 명암을 넣어보세요

* 직접 그려보세요

* 직접 명암을 넣어보세요

* 직접 그려보세요

* 직접 명암을 넣어보세요

* 직접 그려보세요

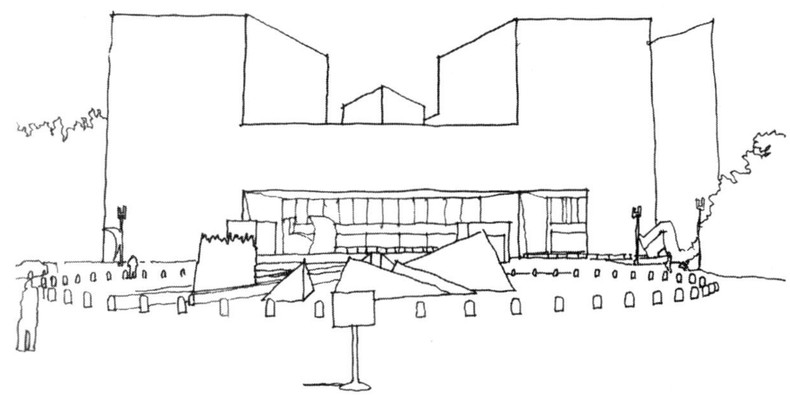

* 직접 명암을 넣어보세요

* 직접 그려보세요

Sketchs of cases

스케치 사례들 07

Charles Bridge
PRAHA. 1991.

BRYANT PARK
NEW YORK CITY

KNOWLEDGE
American Museum of N.H.
NYC. Sep '96

* 유원재 스케치

* 유원재 스케치

* 유원재 스케치

* 유원재 스케치

Furnace
for out door

Residence For Mr.C
Seven Hills. 2001

2003. Mario

Residence for Mr.Cho
Seven Hills 2001.9.

* 유원재 스케치

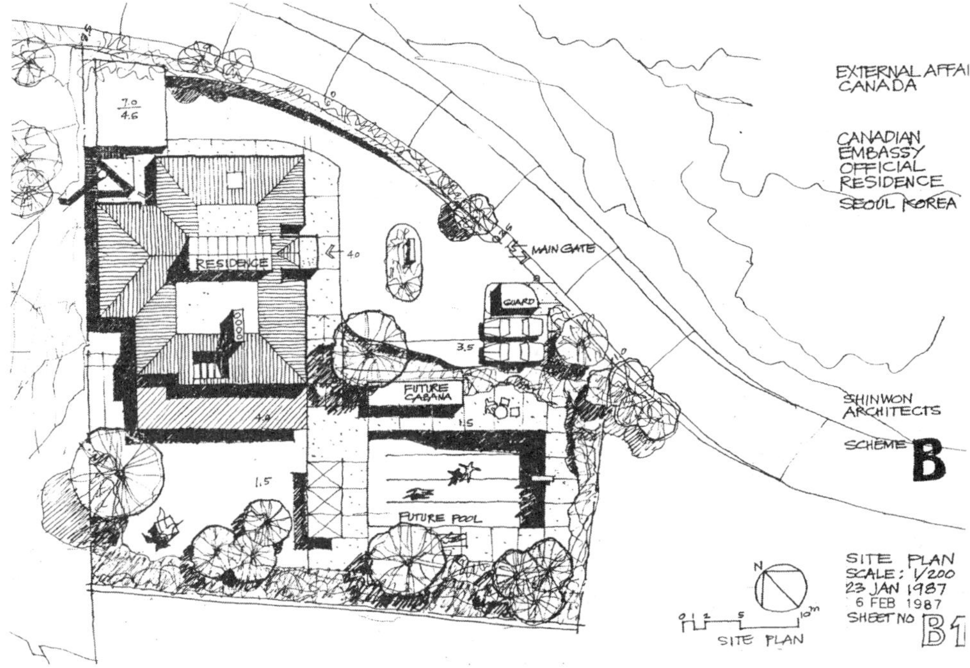
EXTERNAL AFFAI
CANADA
CANADIAN
EMBASSY
OFFICIAL
RESIDENCE
SEOUL KOREA
RESIDENCE
MAIN GATE
GUARD
FUTURE CABANA
FUTURE POOL
SHINWON
ARCHITECTS
SCHEME B
SITE PLAN
SCALE: 1/200
23 JAN 1987
6 FEB 1987
SHEET NO
B1
SITE PLAN

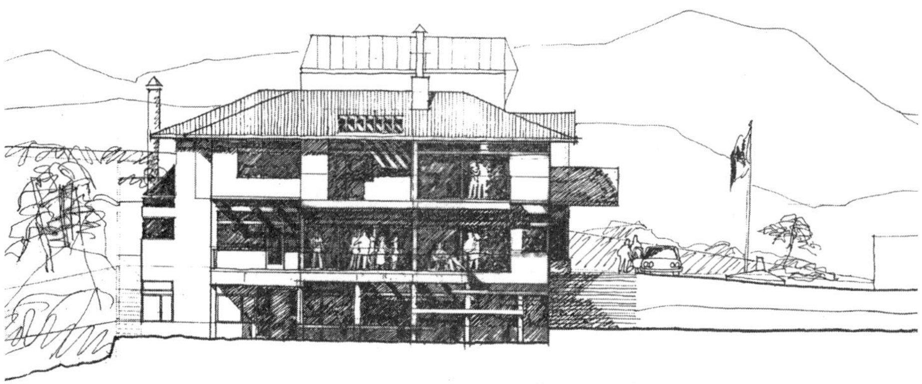

* 김성국 스케치

＊ 김성국 스케치

내외 둘 형식으로 꺾인 운강고택의 대문간
고방으로 통하는 통로가 보인다.
세 면을 둘러싸고 있는 마루공간들은 안마당을 폐쇄하면서 동시에 공간의 방향성을 전면의 행랑채 쪽으로 돌아간다.

도산서당 농운정사
제자들의 기숙소, 工자형 대칭적인 건물

* 류형호 스케치

* 류형호 스케치

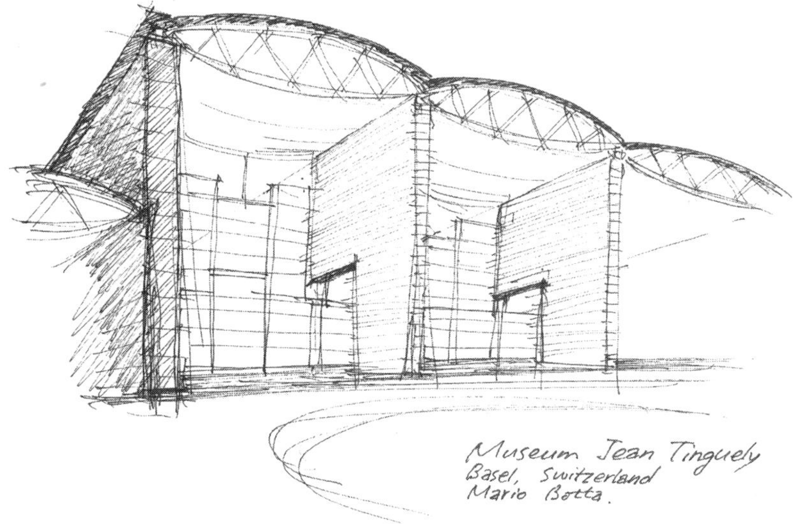

＊ 류형호 스케치

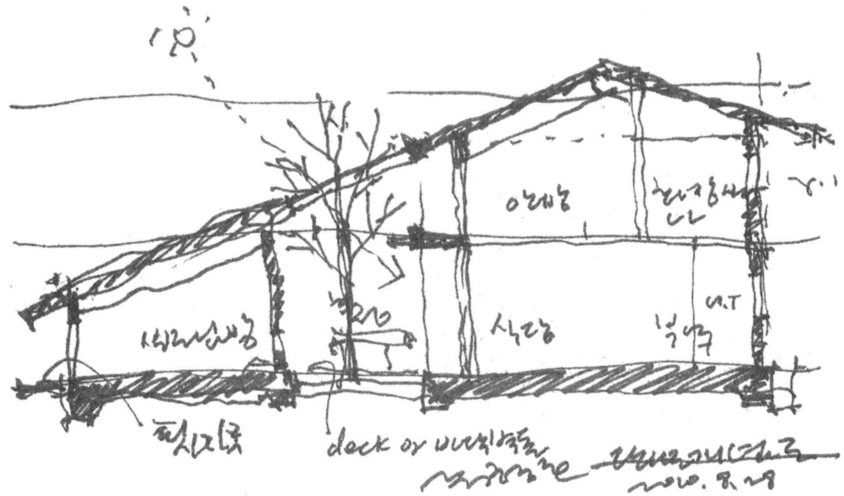

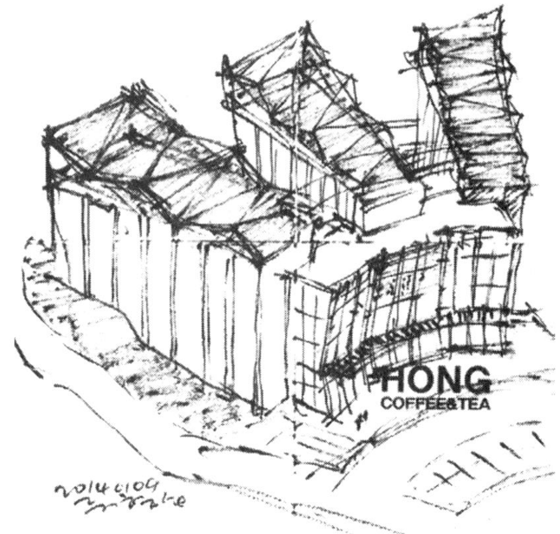

* 류형호 스케치

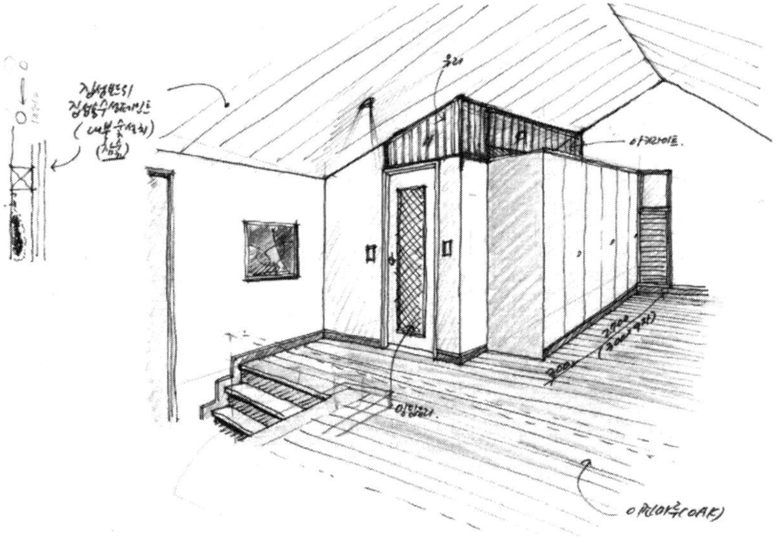

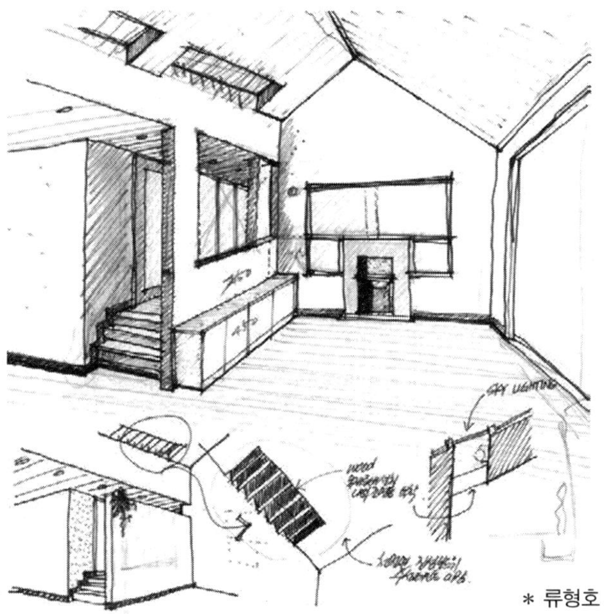

* 류형호 스케치

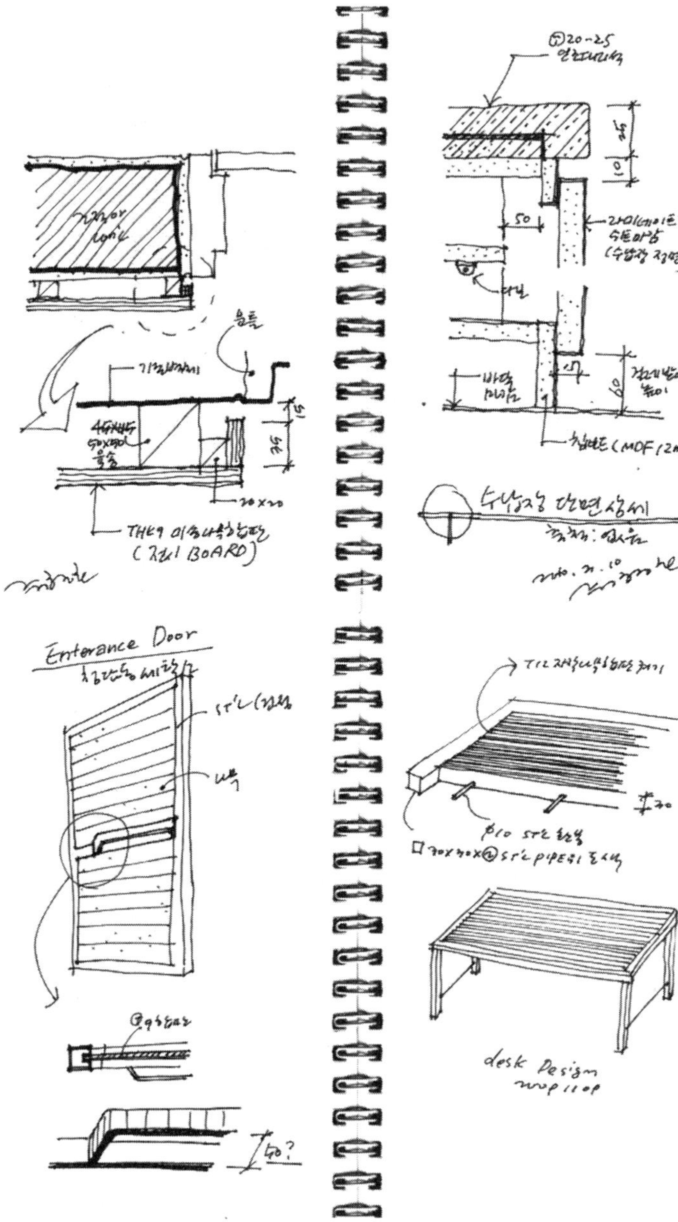

Alvar Aalto
2011.01.5

유기적(organic) 건축
시간, 장소, 사람에 어울리는 건축
건물의 부분이 전체와
긴밀하게 연관되고,
마찬가지로 전체는 부분 없이
존재하지 않는
<유기적 통합성>
建築은 生命이다
Frank Lloyd Wright
1867 ~ 1959

Walter Gropius
<1883-1969>

Le Corbusier
2011.01.

"자연에는 직선이 없다."
직선이 없는 자연 상태의
디자인에서 모티브를
따왔으며, 그 이유로
가우디의 건축 작품에서
직선을 찾아보기는
매우 힘들다.

* 류형호 스케치

Luis Barragán
1980 Laureate

Philip Johnson
1979 Laureate

Frank Gehry
1989 Laureate

Tadao Ando
1995 Laureate

I. M. Pei
1983 Laureate

Richard Meier
1984 Laureate

* 류형호 스케치

Peter Zumthor
2009 Laureate

Eduardo Souto
de Moura
2011 Laureate

Zaha Hadid 2004 Laureate

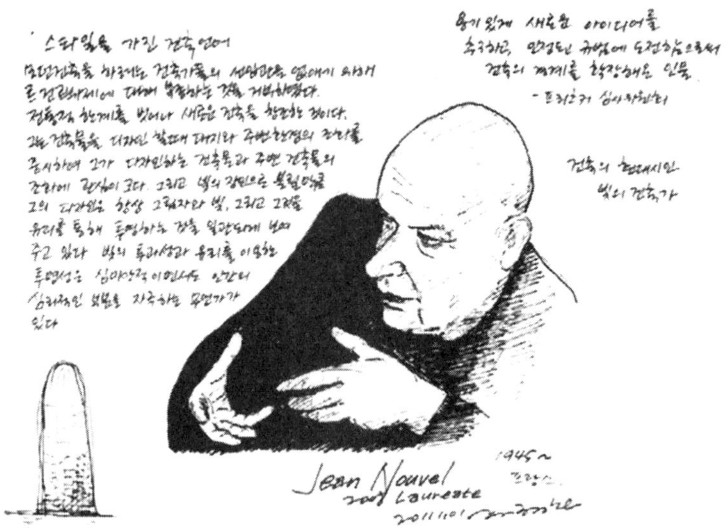
Jean Nouvel
Laureate

Wang Shu
2012 Laureate
24 NOV 2012

* 류형호 스케치

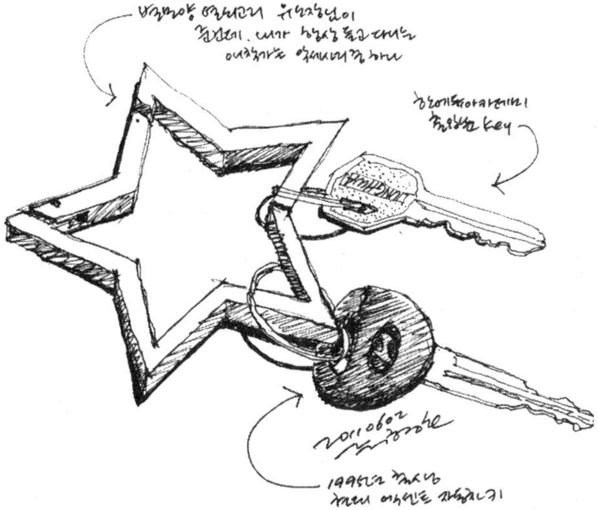

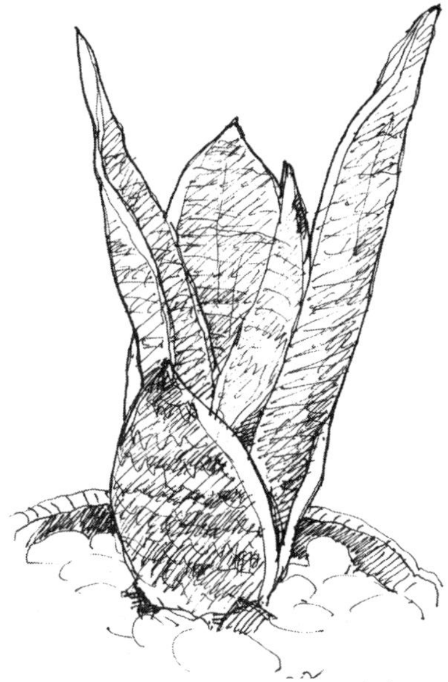

* 류형호 스케치

◆ 맺음말 관심만 있다면 스케치의 반은 이루어진 것이다.

학교강의를 하다 보면 건축을 배우는 학생들이 스케치에 대해 너무 목말라 하는 것을 보지만, 제대로 된 교육과 교재도 없는 실정이다. 이에 책을 쓰기 위해 관련 서적을 많이 찾아본 결과 대다수의 교재들이 기본기에 대한 언급은 아주 짧고 투시도나 컬러링에 비중이 너무 많았다. 당연히 필요한 테크닉을 배울 필요는 있지만 모른다고 해서 스케치를 못하는 게 아닌데도 말이다. 거의 외국서적을 번역한 책들이 너무 많았다. 우리의 실정에 맞게 잘 정리된 기본서적은 부족한 상태이다. 기본적인 스케치가 완성된다면 그것으로 끝나지만 좀 더 효과적인 표현을 위해 색연필이나 마카를 사용하면 되는 것이다.

학창시절부터 미술에 대해 관심이 아주 많았지만 전문적인 미술교육은 받지 않았고, 거의 혼자 독학을 하면서 많이 그려보고 흉내를 많이 내려고 했다. 그 때만 해도 건축과를 가리라고 생각을 안 했기 때문에 투시도에 대한 개념도 없었다. 대학교에서 투시도를 배웠지만 그 효용성도 몰랐고 너무 어렵기만 했었다. 그렇다고 해서 스케치를 이상하게 그리지는 않았던 것 같다. 건축이나 인테리어에서 공간을 다루는 디자이너에게는 본인의 생각을 표현만 하면 된다고 생각한다. 건축, 인테리어 실무에 종사하는 대부분의 사람들이 거의 스케치 실력이 너무 형편없다. 더군다나 수작업이 아닌 컴퓨터로 모든 걸 해결하다보니 사무실에 모형이나 컴퓨터 그래픽 투시도가 걸려있지 않으면 설계사무실인지 일반사무실인지 모를 것이다.

이 책으로 모든 것을 채울 수는 없을 것이다. 하지만 관심만 있다면 스케치를 잘하게 될 거라고 생각한다. 처음부터 훌륭한 스케치를 하지는 못한다. 허접하게 그려도 된다. 하지만 두려움을 가지면 안 된다. 관심을 가진다면 본인의 부족한 부분이 채워질 것이고 부단한 노력을 한다면 불가능한 일도 아니다. 대가들도 젊은 시절 많은 노력의 결과로 이루어졌다고 한다.

스케치를 할 때가 제일 재미있는 시간이다. 어딘가에 집중해서 생각하고, 아이디어를 스케치하고, 매스를 그려보고, 괜찮은 공간을 스케치해보고 가끔 글도 쓰고, 기타 등등 스케치북이 채워져 나가면 뿌듯한 마음이 든다. 개인적인 습관인데 스케치북은 아주 저렴한 갱지 A5정도 스케치북을 사서 거기에 메모, 읽기, 필사, 아이디어 스케치, 기존건물 스케치 등등 모든 것을 기록하려고 한다. 그렇게 채워진 스케치북이 책꽂이에 많이 꽂혀있다. 항상 똑같은 스케치북을 쓰지는 않고 마음에 드는 스케치북이라면 가리지 않고 쓰는 편이다. 저렴한 갱지 스케치북이 부담 없고 제일 좋아한다. 펜은 가리지 않고 닥치는 대로 쓰고 있다. 펜마다 고유의 특징들이 있기 때문에 다양한 스케치를 만들 수 있으므로 다양한 펜을 쓰기를 권장한다. 디자이너들은 필기구에 대한 애착이 남다른걸 알지만 쓸모없이 자기 생명을 다하지 못하는 필기구에 생명을 주어야 한다. 꽂고 다니다 잃어버리면 얼마나 가슴 아프겠는가. 그래서 필기구도 잃어버려도 부담 없는 것들로 고르는 편이다. 플러스펜. 마하펜, 볼펜, 붓펜, 트라지오펜(펠트펜)등 다양하게 사용하고 있다.

관심을 가지고 꾸준하게 하려는 습관만 있으면 스케치는 반드시 좋아질 것이고 스케치 실력의 향상으로 얻게 될 많은 것을 생각해 보라. 클라이언트를 상대할 때도 100마디 말보다 그림 한 장이 더 설득력을 가질 수 있기 때문이다. 이 책을 기획하면서 개인적으로 새로운 사실들을 많이 알게 되었고, 책을 쓴다는 걸 우습게 생각한 자신에게 부끄럽다. 책 한권을 만들기 위해 준비하고 정리해야 할 것들이 너무 많았다.

부족하지만 스케치에 관심을 가지는데 도움이 되는 책이 되었으면 한다.

2014년 3월 잠 못 이루는 류형호

◆ 참고문헌

1. 발상과 표현기법 / Kurt Hanks & Larry Belliston / 아키그램
2. 창작면허 프로젝트 / Danny Gregory / 세미콜론
3. 건축 표현기법 / 윤천근외 3인 / 기문당
4. 건축의 형태공간 규범 / Francis D.K. Ching / 도서출판 국제
5. 슈퍼 뎃생 / Takao Tsuruoka / 조형사
6. 연필 데생 교실 / Koichi Hagawa / 조형사
7. 알기쉬운 도학(Design Drawing Experience) / Willam kirby Lockard / 서우
8. 건축 인테리어 스케치의 기초 / 박진영 / 디지털 북스
9. 표현기법 / 대한건축 아카데미 수험 동호회 / 대한 아카데미
10. Drawing with Big Ideas / 이미경 / 기문당
11. 건축제도 설계 입문 / 윤천근외 7인 / 문운당
12. Drawing(A Creative Process) / / Francis D.K. Ching / John Wiley & Sons, Inc.
13. Drawing lessons from the great masters / Robert Hale / 비즈앤비즈
14. 드로잉의 정석 / 백남원 / 성안당
15. 스케치북 프로젝트 그림 그리고 싶은날 / 박상희 / 위즈덤하우스
16. 내맘대로 Drawing / Carla Sonheim / 예경
17. 건축학교에서 배운 101가지 / 메튜 프레더릭 / 동녘
18. 건축 드로잉 스튜디오 / Mo Zell / 도서출판 국제
19.눈으로 마음으로 그리기 / 베티 에드워즈
20.눈의 모험 / 마츠다 유카미사 / 정보공학연구소

* 참고한 문헌이 많지만 대표적인 문헌만 표시를 하였습니다. 복사해서 사용한 경우는 없으며 대부분 보고 그린 것 입니다.

PEN SKETCH
ARCHITECTURAL SKETCH
INTERIOR SKETCH

류형호 홍익대학교 건축학과 졸업, 육군 예비역중위 제대(학사18기), 건축사사무소 다건축, (주) 범엔지니어링 건축사무소, 건축사 자격증취득(2001년)
BSJ 건축사학원 겸임강사, 대한건축아카데미 겸임강사, 동원대학 건축과 외래교수, 홍익대학교 건축학부 외래교수, 명지대학교 건축대학 건축학부 외래교수
현, 한경대학교 건축학과 외래교수. 블로그 http://blog.naver.com/archihoyah

건축 · 인테리어 초보자를 위한 스케치 입문서
펜 스케치(PEN SKETCH)

류형호 글 · 그림

2014년 6월 13일 1쇄 발행
2019년 6월 13일 2쇄 발행
2021년 4월 13일 3쇄 발행

발행인 김기현
발행처 시공문화사 *Spacetime*

등 록 1993년 3월 12일
주 소 서울시 서대문구 독립문공원길 13 극동프라자 5층
전 화 02) 3147-1212, 2323
전 송 02) 3147-2626
ISBN 978-89-5592-294-3 부가기호 93650
http://www.spacetime.co.kr
spacetime@korea.com

정가 12,000 원